测试基地实训指导

韩万江 张笑燕 孙艺 陆天波 编著

人民邮电出版社

北京

图书在版编目（CIP）数据

测试基地实训指导 / 韩万江等编著. -- 北京 ：人
民邮电出版社，2015.12
ISBN 978-7-115-40326-1

Ⅰ．①测… Ⅱ．①韩… Ⅲ．①软件－测试 Ⅳ.
①TP311.5

中国版本图书馆CIP数据核字(2015)第216265号

内 容 提 要

　　本书是指导学生进行实训的参考书，在本书的指导下，学生们可以顺利完成测试实训课程，并能从中学到相关知识。本书共分为 7 章，第 1 章介绍实训目的、实训内容、实训过程等；第 2 章介绍测试的相关原理；第 3 章介绍实训的对象和实训环境；第 4 章介绍 DTS 测试工具；第 5 章介绍 LoadRunner 测试工具；第 6 章介绍 JMeter 测试工具；第 7 章介绍实训的具体流程。本书内容实用，特别适合高等院校软件工程、电子信息、计算机等专业师生阅读。

◆ 编　著　韩万江　张笑燕　孙　艺　陆天波

　　责任编辑　邢建春

　　执行编辑　肇　丽

　　责任印制　彭志环

◆ 人民邮电出版社出版发行　　北京市丰台区成寿寺路 11 号

　　邮编　100164　电子邮件　315@ptpress.com.cn

　　网址　http://www.ptpress.com.cn

　　固安县铭成印刷有限公司印刷

◆ 开本：787×1092　1/16

　　印张：12　　　　　　　　　2015 年 12 月第 1 版

　　字数：290 千字　　　　　　2015 年 12 月河北第 1 次印刷

定价：42.00 元

读者服务热线：**(010) 81055488**　印装质量热线：**(010) 81055316**
反盗版热线：**(010) 81055315**

前　言

　　软件测试是保证软件质量的重要方式。随着计算机技术的不断提高，软件的开发涉及各行各业，展现了强大的功能，从而使软件的结构越来越复杂，对软件系统测试的难度也不断增大，软件质量越来越难以控制。对于大型的软件系统集成测试来说，单纯的手工测试不但效率低下，而且很多测试仅靠手工测试无法完成。为减少测试开销，在有限的时间内执行更多的测试，并且降低人为引起的错误，自动化测试是非常必要的。一个完整的自动化软件测试工具，应该包括测试管理工具、功能测试工具、性能测试工具3个部分。本书从测试的基本原理讲起，以实例配合，详细地讲解了测试的原则和方法，再以清晰的图表明确了测试的每一个步骤，用数据和方法对软件测试的流程做了准确的说明。

　　本书按照软件测试学科所提出的方法，正确实施软件自动化测试，并严格遵守制定的测试过程。通过实际的测试过程，用实例告诉读者，如何评估软件潜在的利弊，确认软件是否符合所要求的改进标准，并确认在项目实施软件测试中，制定的用例是否合适。

　　以此通过4个方面告诉读者，第一，在测试过程中如何提高软件测试的效率；第二，对软件系统的最新版本进行回归测试最优方法；第三，如何完成一些非功能性方面的测试；第四，如何在一致性和重复性上，使软件的测试繁琐的任务简单化。

　　北京邮电大学软件学院测试实训基地是在校企联合实验室基础上创建的，现逐步发展为软件学院的学生实训基地之一。本基地立足第三方软件评测，可以对各种集成系统进行功能测试和性能测试，提供测试方案，执行测试，进行测试分析，提供测试结论等。本基地模仿企业建立标准化管理模式，通过标准化和过程改进的模式让学生在实训中逐步适应企业的管理模式。本基地师资力量雄厚，有教授1人，副教授2人，高级工程师1人。

　　《测试基地实训指导》的编写者是韩万江、张笑燕、孙艺、陆天波。在编写过程中，国际学院的李伟健、李瑾杰、刘语涵，软件学院的于洋、李润、张驰、覃小秦、乐诚、李前涛、白洁、程冲、李少英、琳茜、汪冰清等也做出了一定贡献，在此一并表示感谢！

　　本书获得了国家自然科学基金资助项目（项目编号：61170273）的支持。

　　由于编者水平有限，书中不足与错误在所难免，敬请广大读者批评指正。

韩万江

2014年10月于北京邮电大学

目 录

北京邮电大学软件学院测试实训基地于 2011 年在校企联合实验室基础上创建，现已经成为学生实训基地之一。本实训基地参照 CNAS 相关标准，建立企业化标准管理模式，逐步形成了以技能实践理论的实训体系。该体系参照了 ISO、CMMI 等相关标准，通过标准化和过程改进的方法，不但使学生在实训中逐步适应企业的技能管理模式，而且有效管理了实验室的各项工作。为了让学生逐步学习和适应实训基地的企业化运作流程以及具体的实践项目，所以提出了逐步过程改进的方式，具体过程改进如图 1-1 所示。

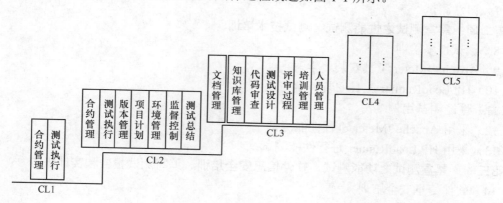

图 1-1　TCPS 过程体系改进阶段

1.1　实训目的

通过参加项目实训，学生不但可以增强实践能力，更重要的是掌握规范的企业级软件测试流程，使学生的实践能力达到企业对测试人员的要求，可以顺利应聘企业测试人员。

1.2　实训内容

本实训基地立足第三方系统评测，可以对各种集成系统进行功能测试和性能测试，提供测试方案、执行测试，进行测试分析，提供测试报告等。因此测试对象涉及各个方面，本书后续章节所提到的案例《软件项目管理教学网站》就是其中一个测试对象，其实训内容是根据《软件项目管理教学网站》提供的需求描述，对 SPM 教学网站进行功能、性能的黑盒测试，以及包括代码评审和 DTS 代码工具的测试过程的白盒测试。SPM 教学网站包括了教学内容、在线试题测试，性能分析等 11 大模块功能，提出同时登录的在线人数要超过 50 人，要求反应时间小于 3 s 等性能指标。本项目测试的范围不但要覆盖所有的功能，同时要通过 JMeter、LoadRunner 工具进行压力测试，以验证网站性能是否达标；代码的白盒测试包括代码评审和 DTS 代码工具的测试过程。

1.3　实训计划

实训持续时间为 3 周，共 15 天，具体计划如下。

第一周：实训体系培训、测试工具培训、白盒测试

（1）软件测试相关知识讲解

（2）测试实训体系培训

（3）测试工具培训

（4）测试任务规划

（5）白盒测试工具 DTS 安装、学习

（6）白盒测试用例编写

（7）白盒测试

第二周：黑盒测试之性能测试、测试技术培训

（8）测试技术培训

（9）Apache JMeter 工具安装、学习

（10）HP LoadRunner 工具安装、学习

（11）性能测试用例编写

（12）采用 Apache JMeter 进行性能测试

（13）采用 HP LoadRunner 进行性能测试

第三周：黑盒测试之功能测试、软件信息安全培训、编写测试报告和实训报告

（14）软件信息安全培训

（15）功能测试用例编写

（16）根据测试用例进行功能测试

（17）编写测试报告、实训报告

（18）实训答辩

（19）实训总结会议

1.4　考核办法

考核共分为 4 部分，满分 100 分：

（1）出勤情况：10 分；

（2）实践表现：60 分；

（3）实验报告：10 分；

（4）答辩情况：20 分。

第2章
测试原理及其技术

2.1 测试原理

在企业级的测试中，使用人工或自动化手段运行或测试某个系统的过程，其目的在于检验对象是否满足规定的需求或研究预期结果与实际结果之间的差别。

软件测试是为了发现错误而执行程序的过程，它是根据软件开发各阶段的规格说明和程序的内部结构而精心设计一批测试用例，并利用这些测试用例运行程序以及发现错误的过程，即执行测试步骤的过程。

软件测试有许多种不尽相同的定义，其中堪称权威的就是 IEEE 提出的"软件测试是使用人工或自动化手段运行或测定某个系统的过程，其目的在于检验它是否满足规定的某个需求或是发现预期结果与实际结果之间的差别"。

2.1.1 软件测试概述

在认知上，通常认为软件测试就是利用各种手段来发现产品的缺陷，然后将问题转给研发部门解决，以此往复，最终的目的就是确保产品是符合预期需求的。在此期间，可能不会一次性就完成某一产品的测试任务，通常的做法就是对产品进行及时地、有效地测试。

软件在生存周期的各个阶段都是有可能产生错误的，测试在软件生存周期中占据着重要的地位。从软件的整个生存周期来看，测试通常被理解为对程序的测试，而且测试的依据是产品使用说明书、设计的文档和规格说明书等，一旦设计的相关文档产生错误，那么测试的质量自然就难以保证了。

2.1.2 软件测试的分类

按测试技术分类，软件测试可分为白盒测试与黑盒测试两种。

（1）白盒测试

白盒测试通常也称结构测试，或逻辑驱动的测试，做白盒测试就像做解剖生物实验一样，可以一边解剖一边看被解剖的"器官"是否是正常的逻辑过程；表现在程序上就是将程序内部的结构测试程序理清楚，通常是通过测试检查程序的内部动作是否符合设计规格说明书要求，检验每一个逻辑模块涉及到的通路是否都能够按照既定设计去工作。

（2）黑盒测试

与白盒测试相对应的是黑盒测试，通常也将它称为产品功能测试，它好比通常所说的"以貌取人"，只看它的表面——功能；黑盒测试就是为了检验产品的每个功能是否都能正常运行，而且测试主要针对软件产品的使用和界面的交互，以及软件与使用者交互的功能的测试。

按阶段划分测试类型可分为单元测试、集成测试、系统测试、验收测试和回归测试5种。

（1）单元测试

单元测试指软件开发过程中第一次接触代码的测试，其所进行的是测试阶段及任务中级别和规模最小的测试。进行单元测试时，需要在软件的每一个功能单元都独立分开的情况下开始。单元测试的主要方法有数据流、控制流、排错、分域等。

（2）集成测试

集成测试又叫组装测试，是第一次看到软件产品全貌的测试。集成就是将所有的单元按照相应的要求组合起来，所以该方法是建立在单元测试基础上的一种测试。

（3）系统测试

系统测试是将软件、网络、外设、硬件等一切与产品使用相关的元素结合在一起而进行的综合测试，在此期间不仅要进行信息系统的各种组装、确认、测试，而且还要对整个产品系统进行测试。本阶段的测试目的是验证系统产品是否能满足最终的需求规格，不但要找出与需求规格不符的地方，而且还要提出更为完善的测试方案。

（4）验收测试

验收测试是通过用户和产品的开发方共同指定的测试方对产品进行测试，测试的结果不仅影响用户对产品的看法，重点是决定了产品是否被最终用户所接受，是一种基于用户观点的验证性测试。

（5）回归测试

回归测试是指旧代码修改后，需要重新对其进行测试，以确认修改没有引入新的错误。该阶段的工作在整个软件测试过程中占了很大的比重，因为软件产品在开发的各个阶段都可能会进行多次回归。尤其在目前常用的快速迭代和渐进开发中，当有多个新版本的软件产品连续发布时，回归测试将会更加频繁，而且在要求更为严格的软件开发中，可能每天都要进行若干次回归。

2.2 黑盒测试技术

众所周知，黑盒测试按照定义的要求，重点着眼于程序外部结构和功能，多数情况不会涉及产品的内部逻辑结构是否合理，其主要针对的是界面或软件产品的功能是否全面。而场景法、等价类划分法、边界值分析法、错误猜测法等则是4种主要的黑盒测试方法和测试设计方法。

2.2.1 场景法

场景法，顾名思义就是把产品的各种功能以某种方式实体化或具体化，以此来设计测试用例，把产品的某些操作以场景的模式表现出来，以此简化被测系统的功能点或业务流程，从而提高相关的测试效率及效果。场景法类似程序中的二叉树的遍历方式，一般的方式按照逻辑从软件程序入口开始，按照给定的路径遍历所有的基本流和备用流来完成整个场景。图2-1所示为场景法基本情况的一个实例。

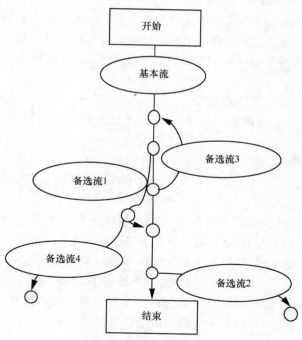

图 2-1　基本流与备选流

如图 2-1 所示的场景包括了一个基本流和相关的其他 4 个备选流，而且通过场景法可以把每一种可能经过的路径组成不同的用例。表 2-1 从基本流开始，阐述了基本流和相应的备选流结合起来形成测试用例的过程。

表 2-1　备选流

序列号	基本场景路线
1	场景 1　基本流
2	场景 2　基本流、备选流 1
3	场景 3　基本流、备选流 1、备选流 2
4	场景 4　基本流、备选流 3
5	场景 5　基本流、备选流 3、备选流 1
6	场景 6　基本流、备选流 3、备选流 1、备选流 2
7	场景 7　基本流、备选流 4
8	场景 8　基本流、备选流 3、备选流 4

综上所述，可以将其利用于用例设计，场景法不但为如何处理事务流提供了基本的方法指导，而且能全面地分析测试流，从而使测试更为全面地覆盖产品或软件的功能，由此可见，备选流在测试用例设计时起了至关重要的作用。

2.2.2　等价类划分法

等价类划分法是典型的黑盒测试用例设计方法之一。在软件的输入或输出域中，把它们其中用于相同特征的数据归纳为有效或无效两个方面，同时又因为有效或无效的测试集非常庞大，通常无法穷举，所以在设计测试用例时只能从有效或无效的数据中选取一些代表来参加测试，这样就得到了等价类（相同集合的部分代表），所以说等价类是输入域的集合。等价类划分为以下两种。

（1）有效等价类划分

有效等价类是指对于被测程序规格说明来说是合理的、有意义的可能输入数据所构成的集合。

（2）无效等价类划分

无效等价类是指那些和有效等价类相反，对于软件规格说明来说没有任何实际意义的、不合理的输入数据的集合。

通常在不了解等价分配技术的前提下，需要测试两个不大于 2 000 的正整数的乘法运算，在测试了 1×1、1×2、1×3 和 1×4 后，是否还有必要测试 3×5 和 2×6 等，另一方面 1 999×1 999、1 999×2 000、2 000×2 000（可以输入的最大数值或超过最大输入值）呢？上面所有的疑问都应该是软件测试设计人员必须考虑到的问题。1×1 999 和 1×13 有什么区别呢？是否像 1×13 与 1×5 或者 1×500 没有什么差异呢？但是，1×1 999 应该属于邻界的极端情况，这就好似某人患有恐高症，但是现在他却站在某一高楼的最高台边缘，可想而知，他掉下去的可能性和站在室内是不同的。同理，在测试中，假如测试输入域的最大允许数值加 1 的话，它是不应该被系统接受的，但是，如果产品不会出现问题即被接受了，那么这可能就是该款软件的一个缺陷了。

综上所述，等价类划分的办法就是把程序的输入集合域等价地划分成若干个部分子集，然后再从每个部分集合之中选取少量的具有代表性的数据当作测试用例。每一类的代表性数据在测试中的作用等价于这一类数据中的其他值，也就是说，如果其中某类中的测试用例或者数据的某一个例子发现了错误，这一等价类中的其他测试数据和案例也有可能会出现同样的错误。

2.2.3 边界值分析法

边界分析是指利用测试数据域的边界值进行测试的一种测试方法。较多的测试经验表明，很多程序错误都是发生在输入或者输出范围边界上，而不是发生在输入与输出集合许可接受的范围内。如果针对被测试产品的各类边界情况来设计测试用例，则可能查出更多的软件错误或缺陷。

基于边界值分析方法的几种可供选择的原则如下。

（1）想象值：取刚刚达到这个范围边界的值（边界点），或刚刚超过这个范围边界的值点（B）作为测试输入数据，如图 2-2 所示。

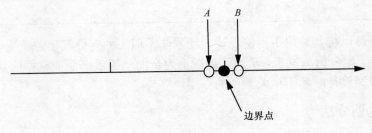

图 2-2　边界值

（2）如果规定了值的个数（如 5 个）边界，那么用最大个数（5）、最小个数（1）、比最小个数少 1（0）、比最小个数多 1（2）、比最大个数少 1（4）、比最大个数多 1（6）这 6 个数作为选择测试数据（5，1，0，2，4，6）。

（3）如果某一程序的规格说明给出了某一功能的输入域（-1，0，1，2，3，…，98，99，100）或输出域（0，1，4，9，…，9 604，9 801，10 000）是有序集合，则应选取集合的第一个（1）或前几个元素（1，2，3）和最后一个（100）或最后几个（98，99，100）元素作为测试用例。

（4）如果被测试的程序中使用了这样的一个内部数据结构（如数组 $a[10]$），那么则应选择这个内部数据结构边界上的值（$a[0]$或$a[9]$）作为测试用例。

2.2.4　错误猜测法

错误猜测法可以理解为是以测试经验或测试直觉来推测程序中所有可能存在的各种错误的一种测试方法。在测试之前，应该先列举出程序中有可能发生的错误或者较为容易发生错误的地方或情况，以此来设计相应的测试用例。例如，在测试过程中发现在某一单元的测试时，曾出现过许多在模块中常见的错误，或是以前产品测试中曾经发现的类似错误等，这些就是测试者经验的总结。错误猜测法对测试人的能力和相关经验要求较高，只适合有较多测试经验的测试人员。

以上介绍了黑盒测试常用的几种方法，但是这并不是黑盒测试的全部方法，黑盒测试还包括决策表法、正交表法、随机测试及特殊值测试等。由于"没有错误的软件是不可能存在的"，所以一个测试方案的好坏主要看它能否发现迄今为止尚未发现的产品的缺陷或错误，而一个成功的测试则能发现至今为止尚未发现的错误，所以根据不同的测试项目，可以灵活地选择其中一种或者是多种的组合来实施测试。

2.3　测试需求覆盖和测试覆盖

测试需求覆盖用来衡量测试用例满足测试需求，具体的公式如下

$$测试需求覆盖 = \frac{功能测试用例个数}{功能需求个数} \times 100\% \tag{2-1}$$

测试设计覆盖是针对测试完全程度的评测，通常用一个比例表示，具体的公式如下

$$测试完全程度 = \frac{T}{RFT} \tag{2-2}$$

众所周知，需求的测试覆盖是在相应的测试生命周期中都将可能要进行多次的评测，并且会在产品测试生命周期的里程碑处提供产品相应的测试覆盖的标识来标定测试覆盖。测试覆盖公式计算如下

$$测试覆盖 = \frac{T(p,i,x,s)}{RFT} \times 100\% \tag{2-3}$$

其中，T 表示产品测试数，RFT 是产品测试的需求总数。

一般来讲，测试需求覆盖和测试覆盖都是要求覆盖率越大越好，但是通常在执行过程中，会根据测试产品以及测试任务的时间等进行适当的调整。在此，认为覆盖率大于 100% 则为有效的、较充分的测试。

2.4 软件缺陷

软件缺陷又被称为软件 Bug,即计算机软件或程序中存在的影响正常运行的问题、错误,或隐藏的某些功能缺陷等。软件缺陷的存在就使相关的软件产品在某种程度上不能较好地满足用户的需要。

IEEE729-1983 对缺陷有一个标准的定义:从产品内部看,产品缺陷就是软件产品在开发或维护过程中存在的错误、缺陷或不足等各种问题;从产品外部看,产品缺陷就是产品系统所需要实现的某种功能的失效或违背。

对于每个测试项目,缺陷的定义会有所不同,使用上面的规则,则有助于在测试中区分不同的问题,定义出项目达成一致意见的软件缺陷。

2.4.1 软件缺陷的级别

不同等级的缺陷所造成的后果是不一样的,有的是灾难性的,而有的却仅仅是微不足道的小问题。通常来讲,问题越严重,其处理优先级就应该越高,目前,较为常用的级别可概括为 4 种级别,如表 2-2 所示。

表 2-2   通用缺陷严重程度级别的定义

等级	影响描述
微小的(Minor)	小问题:如有文字、个别错别字以及排版不整齐等,对软件功能几乎没有影响,软件产品仍可使用
一般的(Major)	不太严重:如提示信息不够准确、次要功能模块丧失、用户界面差等
严重的(Critical)	严重错误:如功能模块或特性没有实现,次要功能全部丧失,主要功能部分丧失或致命的错误声明
致命的(Fatal)	致命的错误:造成系统死机、数据丢失、崩溃等主要功能完全丧失等

2.4.2 导致软件缺陷的原因

有以下几种原因可以引入软件缺陷:

(1)产品规格说明书;

(2)产品设计方案;

(3)产品编写代码;

(4)其他。

以上 4 种原因引入缺陷的数量依次递减。为何产品规格说明书是引入软件缺陷最多的地方呢,主要原因如表 2-3 所示。

表 2-3   软件缺陷引入的原因

原因	原因描述
需求获得困难	通常来说用户一般是非计算机专业人士,软件开发人员和用户的沟通存在较大的困难,对要开发的软件产品功能理解不一致
软件前期需求空泛	在设计前期由于软件产品还没有设计、开发,完全靠想象去描述软件系统的实现情况,所以有些特性思考还不够清晰
需求变化的不一致性	设计过程中用户的需求总是在不断变化的,这些变化如果没有在产品规格说明书中得到正确的描述,容易引起前后矛盾
对规格重视不够	设计文档的问题在规格说明书的设计和写作上投入的人力、时间不足等

2.4.3　Bug 缺陷分类和分级

佳讯公司根据相关的行业法规及标准、指挥调度系统的相关特性要求以及 Bug 在调度系统中的影响程度将 Bug 缺陷进行分类和分级。

佳讯公司产品缺陷分级如表 2-4 所示。

表 2-4　　　　　　　　　　　　　佳讯公司产品缺陷分级

Bug 级别	定义	参考实例
Urgent（紧急）	整个系统或者系统的主要模块发生错误，而且没有其他临时途径能够绕过错误 影响：测试工作无法进行下去,Urgent 级别的问题对测试进度有重大影响	主要模块的功能没有实现；程序无法执行下去；整个应用无法运行；严重的性能问题，逻辑错误；数据库崩溃；系统崩溃；接口错误导致上下游系统无法处理得到的数据；主要的可靠性冗余无法正常切换或备用部件异常引发主用部件异常；存在人身安全或可造成灾害性威胁的问题、缺陷，设计不良
High（高）	系统的主要模块发生错误，但有临时解决方案可以绕过存在的问题 影响：测试工作能够进行，但引起 3 个以上测试案例无法继续执行。High 级别的问题对测试进度有较大影响	主要模块的功能没有全部实现；主要功能没有实现，但有临时的解决办法；系统性能出现异常；统计结果错误；程序处理结果错误；存在需求与设计文档严重问题；存在设计与实现的严重不一致问题；接口错误导致上下游系统处理得到的数据时，部分功能无法实现；有硬件问题、设计问题以及需求问题
Medium（中）	次要的功能或文档发生错误 影响：测试工作能够进行，Medium 级别的问题对测试进度有较小影响	报表的记录序号不对；界面出现文字错误；图表显示异常；存在用户文档与实现的不一致性问题；存在安装流程的易安装性问题
Low（低）	程序或文档有必要进行改进和完善 影响：测试工作能够进行，Low 级别的问题对测试进度没有影响	存在名称定义的不统一或不规范问题；存在用户手册的完整性问题；对功能界面存在改进意见

佳讯公司对产品 Bug 类型进行分类，针对指挥调度产品的特点制定了与之相适应的 Bug 类型，以便更好地了解和把握系统的质量。主要的类型如表 2-5 所示。

表 2-5　　　　　　　　　　　　　佳讯公司 Bug 类型分类

Bug 类型	类型说明
功能失效	某个功能或子功能的操作无效，无法使用
功能缺陷	某个功能或子功能可以使用，但有缺陷
性能问题	系统的某项性能测试指标无法达到要求
可靠性问题	系统在运行过程中出现不稳定问题
易用性问题	存在影响用户使用的问题
设计与实现不符	程序实现的结果与设计不相符合
用户文档问题	存在用户文档中出现的所有与程序实现不一致的问题以及文档描述中的问题
硬件问题	存在系统硬件方面的问题
设计问题	存在系统设计方面的问题
需求问题	存在产品需求方面的问题
安装问题	存在产品安装方面的问题
制造性问题	产品在制造性方面存在问题
维护性问题	产品在易维护性方面存在问题

第3章
实训内容

3.1　实训需求

学生接受实训前培训，培训内容包括介绍实训流程、实训项目、实训要求、实训提交结果以及测试技术等。

培训所需资料如下：

（1）北邮测试实训流程培训.PPT；

（2）软件测试知识培训.PPT；

（3）《软件过程改进案例教程》（韩万江，张笑燕，陆天波编著，电子工业出版社出版）

实训的测试对象包括各种集成系统、嵌入式系统等。下面给出两个典型测试对象的测试需求。

3.1.1　教学网站测试

《软件项目管理》教学网站 http://www.buptsse.cn/SPM/SPM.jsp，是本实训的测试对象之一，简称 SPM 项目测试，如图 3-1 所示。

图 3-1　测试对象

SPM 项目测试需求如下。

3.1.1.1　功能测试

首页、行业信息、下载区、成绩查询、留言板、网上测试、联系我们、课程介绍、课程内容、课程实践、教学团队、通告栏、友情链接、登录入口等多个模块，具体如下。

首页：回到首页。

行业信息：软件项目开发中常见的问题、新的淘金点!Google 测试交互式 Widget 广告、Google 将推出 PowerPoint 和 Wiki 等信息。

下载区：对软件项目管理的探讨、解析软件项目管理、软件项目管理的平衡原则等文档的下载。

成绩查询：各班平时成绩、期末成绩、总成绩等的查询。

留言板：需实现提交留言、查看留言等功能。

网上测试：实现答题并查分的功能。

联系我们：显示任课老师的联系方式。

课程介绍：含课程简介、教学大纲、课时安排、课程特色、考评方式及参考书目等显示。

课程内容：含授课教案、教学录像、练习题、知识点索引、考试大纲、模拟试卷及案例分析等显示。

课程实践：含实践指导书、学生实践过程展示、学生实践文档展示、师生交互过程及学生最终答辩过程等显示。

教学团队：含教师队伍、校企合作及学术水平显示。

通告栏：需显示最新的信息。

友情链接：包括北京邮电大学、北京邮电大学软件学院及国家精品课程导航的链接。

登录入口：实现教师和学生登录的功能。

3.1.1.2　性能测试

负载测试：各种用户数的运行状况（用户数：50。响应时间：3 s）。

疲劳测试：100 个用户持续 6 h 连续测试。

3.1.1.3　测试工具

本实训包括下述 3 个测试工具。

白盒测试：DTS。

黑盒测试：LoadRunner 和 Jmeter。

3.1.2　MDS3400 调度指挥通信系统

MDS3400 调度指挥通信系统是由北京佳讯飞鸿公司推出的，其新一代设计可以满足各工业企业指挥调度通信的要求。该系统具有强大的调度指挥功能，通过 2B+D 连接各种智能调度台、指挥台，支持调度指挥所需的各种功能，如选呼、通播、强拆、强制、组呼、分群等调度功能，支持多用户多级别设置；支持 IP 分布式网络部署，以其开放性、兼容性、高可靠性的设计满足不同行业用户的组网需求，其灵活的综合接入方式、个性化业务定制能力、先进的维护手段为客户创造新的获利来源和新的竞争优势。目前，该系统已经成功应用在石油、石化、煤炭、军队、公安、铁路、钢铁、地铁等行业。

3.1.2.1 总体架构

MDS3400 指挥调度系统总的系统架构如图 3-2 所示。图中灰色背景部分是 MDS3400 的最小最基本的组网单元，该单元主要包括调度业务控制、交换网络、SIP 呼叫控制、呼叫流程处理、传真控制、系统内接口、系统级联接口和网络管理系统等部分。系统外设主要包括指挥调度终端（KDT 键控操作台、一体化操作台、AnyTouch 调度台等）、指挥调度电话各类高级别的调度用户（普通电话高级别、调度台高级别）、行政电话（普通用户）。MDS3400 的系统级联接口可以将指挥调度系统的范围扩展到各大运营商网络，提高了 MDS3400 的适应性。

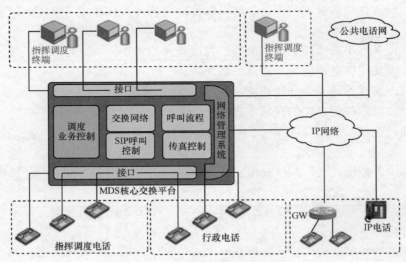

图 3-2　MDS3400 系统总体架构

3.1.2.2 系统双中心组网方式

数字环双中心是 MDS3400 的中心组网方式，也是此产品功能稳定性和可靠性的来源。下面将对 MDS3400 系统双中心予以详细的介绍，其组网如图 3-3 所示。

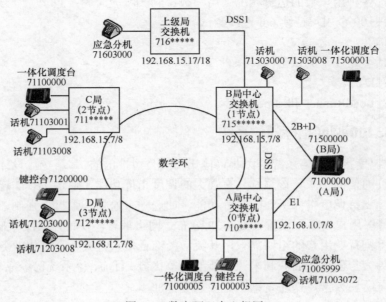

图 3-3　数字环双中心组网

系统双中心组网说明如下。

（1）需要配置主系统 A，备系统 B，分 1 系统 C，分 2 系统 D，上级局共 5 个系统。

（2）主系统 A，备系统 B，分 1 系统 C，分 2 系统 D，通过数字环连接，主系统节点为 0。

（3）主系统 A 和备系统 B 之间通过数字中继连接，不配置数字环，但需要数字环连接线。

（4）备系统 B 和上级局之间通过数字中继连接。

系统双中心业务如下。

（1）MDS3400 双中心能实现局部自动切换和自动恢复，主要包括下面几类情况。A 局主中心交换机的数字环故障；A 局主中心交换机的 2B+D 故障；A 局主中心交换机的数字中继故障时，双中心系统会自动局部切换，当故障恢复时，相应的局部切换会恢复到正常状态。这样保证了如果系统的某一部分宕机的话，可以由备用线路或者备用通道来进行备份，保证了系统的可靠性。

（2）MDS3400 双中心能实现全局自动切换和自动恢复。当出现整个交换机断电（A 局断电）、互为热备的两块主控板全部拔出（A 局）或互为热备的两块主控板软件全部死机（模拟软硬件故障）等故障时，双中心系统会自动全局切换；当故障恢复时，全局恢复到正常状态。这样保证了如果系统的某一互为主备模块宕机的话，可以由备用单板或者备用系统来进行备份，保证了系统的可靠性。

（3）MDS3400 双中心能实现通过人工切换，手动恢复来切换系统。在系统已经出现一些"局部故障自动切换"时，无论局部故障的涉及范围有多大，系统不自动全局切换，而是需要通过网管针对整个交换机的所有接口设置为"人工阻断"状态，以实现全局切换；当局部故障消除后，可针对整个交换机的所有接口解除"人工阻断"状态，则全局切换恢复。

（4）MDS3400 双中心能实现调度台本身故障时相关业务的转接。如当某个调度台或全部调度台本身故障时，系统会将呼入的呼叫转到对应调度台的应急分机上（该应急分机接在主用系统的共电接口板上），应急分机此时也可以通过拨号呼叫车站电话或 GSM-R 手机等其他电话。也就是说此时不应将本该呼叫到调度台的呼叫转移至铁道部门交换机上。

（5）MDS3400 双中心能实现灾难性故障的通信备份。当出现"2 全局自动切换和自动恢复的故障情形"之一故障的同时，还出现某个调度台或全部调度台本身故障（或者说调度台的双接口都故障）时，相当于主用交换机及调度台都被毁坏了（也就是说发生了灾难性故障），这时备用交换机会将本该呼叫到调度台的呼叫通过 30B+D 接口转移至铁道部门交换机上，从而实现了"铁道部门接管客专调度所"。

（6）MDS3400 双中心能在较短时间实现各类功能的切换（包括自动切换与手动切换）。数字环接口切换时间<5 s；2B+D 接口（U 口）切换时间<5 s；30B+D 接口（DSS1）切换时间<10 s；全局切换时间<10 s（取全部接口中的最长切换时间）。

3.1.2.3　基本业务功能模块

MDS3400 系统双中心主要分为 5 个主模块和 25 个子模块，功能模块明细如图 3-4 所示。

双中心主要包含单呼、会议、其他调度功能、网管通道及双中心特殊业务等 5 个功能模块。每个模块的业务与功能特点各有不同，下面简要地对上述 5 个功能模块进行分析讲解。

（1）单呼

单呼是 MDS3400 系统中最基本的功能单元，它是指调度台用户按键号码可以通过终端进行设置，调度台需要呼出时，按用户按键即可。调度台也可以通过号码盘进行呼出。它是其他功能模块的基本单元。

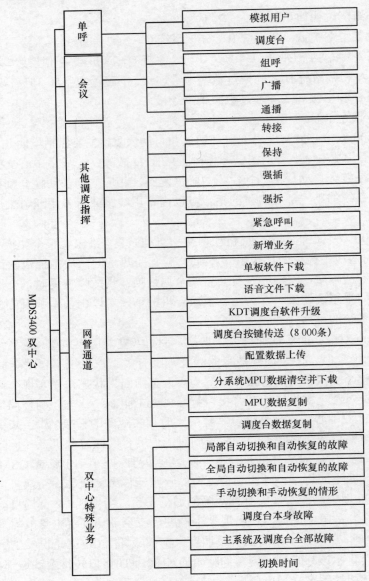

图 3-4　数字环双中心功能模块

（2）会议

会议主要包含 3 个子功能模块，分别为组呼、通播、广播。

①组呼：调度台可以预先设定分组，使用时直接按相应键，可以直接呼叫群组内的成员，成员接听后进入群组。成员之间互相通话。调度员可以控制用户发言方式。调度台以及成员间的通话是双向的。

②通播：是一种特殊会议，通播由调度台发起，操作方式采用一键直通方式，调度员按一个通播按键即可同时呼出事先定义的用户组中的全部用户，而下级用户之间无通话链路。

③广播：是一种特殊的会议，广播由调度台发起，操作方式采用一键直通方式，调度员按一个广播按键即可同时呼出事先定义的用户组中的全部用户，用户摘机后，进入广播，广播中各用户之间也不能互相听声音。

（3）其他调度功能

其他调度功能主要包括 7 个子系统模块。

①转接：调度与用户 1 正在通话，按下用户 2 对应的按键，接通该用户，调度挂机，即实现用户 1 与用户 2 之间的通话，完成转接功能。

②保持：调度台与用户 1 正在通话，如用户 2 呼入，调度台可将用户 1 保持，只需点击"保持"键，再点击用户 1 对应的按键即可，此时调度台与用户 2 通话，用户 1 听保持音乐；调度台与用户 2 通话结束后，用户 1 与调度台自动恢复通话状态。

③强插：调度台呼叫正在通话的用户，结果是调度台与原通话的双方构成三方通话，提醒有重要呼叫，要求原通话双方结束通话。有时也做成自动强插，调度台呼叫正在通话的用户，与之通话的另一方用户听保持音乐，调度台和此用户通话；如果调度员主动挂断电话，则两个用户恢复通话。

④强拆：调度台呼叫正在通话的用户，与之通话的另一方用户被拆线，听忙音，调度台和此用户通话。

⑤监听：调度台可以监听方式进入到某会议中，可听到会议中任意会员的发言。

⑥紧急呼叫：当高级别的用户呼叫调度台时，调度台有相应的铃声提示（异于正常呼叫铃声）并且自动接听。

⑦新增业务：版本更新所加入的新业务。

（4）网管通道

网管通道是主分系统环境下网管通过数字环或数字中继时隙实现对分系统配置和管理的方式。

①网管通道中交换机的角色

（a）主系统管理者。

（b）分系统被管理者。

②网管通道主备系统的基本功能业务

（a）数据下载：将网管的数据下载到分系统上。

（b）数据上传：将分系统的数据上传到网管上。

（c）单板软件下载：给分系统单板下载软件。

（d）MPU 数据复制：将 MPU 板的数据进行备份。

（e）调度台软件升级及按键传送：控制远端分系统调度台。

（f）MPU 数据清空：将 MPU 板的数据进行清空。

③应用场景

现在假设有回龙观局、清华局，但是回龙观局与清华局只有数字环相连，没有网络及其他通信方式，而且回龙观局是无人值守的。若想对回龙观局进行软件下载更新等工作，只能通过远程控制回龙观局的系统，因此开发了基于数字环的网管通道管理功能。整个系统组成了主分系统结构。这样就可以通过网管通道控制远端交换机了。

（5）双中心特殊业务功能

①中心交换机 A 和 B 分别作为主用和备用交换机。

②中心交换机 A 和 B 采用不同的局号，相同的编号方案。

③中心交换机 A 和 B 之间优选 DSS1 作为主路由，尽量不要使用数字环。

④双接口调度台可以采用 U 口＋U 口、U 口＋E1、E1＋E1 的方式，这里采用与中心交换机 A 局用 E1 连接，与 B 局用 2B+D 连接，调度台与中心交换机 A 局之间的接口作为主用接口。

⑤调度台主备用接口的电话号码除了局号之外的其他号码都相同，即在 A 局设为 71000000，在 B 局设为 71500000。

⑥只有在调度台和 A 局的应急分机都无法接通的情况下才能接通位于上级局交换机的应急分机。

⑦中心交换机 A 局和 B 局的数字环节点号分别设置为 0 和 1（即最小和次小）。当 0 节点（A 局）出现故障或断电时，1 节点（B 局）升为临时主机。

通过对 MDS3400 指挥调度系统中被测子功能模块的功能分解，得到的功能需求如表 3-1 所示。

表 3-1 数字环双中心功能需求

模块	场景	子功能模块	模块子项	需求数量
数字环双中心	单呼	模拟用户	正常呼叫	5
			业务异常	10
			链路异常	15
		调度台	正常呼叫	4
			业务异常	11
			链路异常	13
	会议	组呼	正常呼叫	8
			业务异常	6
			链路异常	6
		广播	正常呼叫	6
			业务异常	6
			链路异常	6
		通播	正常呼叫	6
			业务异常	6
			链路异常	6
			全呼中通播功能测试参见组呼	2
			全呼中广播功能测试参见组呼	1
			配置要求	2
	其他调度指挥	转接	业务正常	4
			业务异常	4
			调度台业务正常	4
			调度台业务异常	4
		保持	自动保持	3
			手动保持	4
		自动强插	自动强拆	8
		自动强拆	自动强拆	8
		紧急呼叫	紧急呼叫	4
		新增业务	来电显示	4
			呼叫前转	4

续表

模块	场景	子功能模块	模块子项	需求数量
数字环双中心	网管通道	单板软件下载	正常下载	2
			异常下载	5
		语音文件下载	正常下载	2
			异常下载	6
		KDT 调度台软件升级	正常升级	2
			异常升级	7
		调度台按键传送（8 000 条）	正常传送	2
			异常传送	5
		配置数据上传	正常上传	2
			异常上传	6
		分系统 MPU 数据清空并下载	正常清空并下载	2
			异常清空并下载	7
		MPU 数据复制	正常复制	2
			异常复制	5
		调度台数据复制	正常复制	2
			复制中异常	6
	双中心特殊业务	局部自动切换和自动恢复的故障	DLL 板拔出	4
			DLL 板软件死机	1
			拔 DLL 的 2M 线	4
			DTL 板拔出	3
			DTL 板软件死机	2
			拔 DTL2M 线	3
			拔 DSL 板	1
			DSL 板软件死机	1
			2B+D 线路中断	2
		全局自动切换和自动恢复的故障	整个系统断电	3
			拔掉 MPU 板	3
			MPU 板软件死机	3
		手动切换和手动恢复的情形	端口人工阻断	3
			系统人工阻断	1
		调度台本身故障时	双接口调度台某一线路故障	2
			双接口调度台故障	1
		主系统及调度台全部故障	关电模拟	1
			拔板模拟	2
			拔板模拟	1
			人工阻断模拟	1
		切换时间	DLL 主备切换	1
			双接口调度台主备切换	1
			DTL 主备切换	1
			全局切换	1

综上所述，MDS3400 数字环双中心业务主要包括单呼、会议、其他调度指挥、网管通道及双中心特殊业务 5 个大模块和对应的模拟用户、调度台；组呼、广播、通播、全呼；转接、保持、自动强插、自动强拆、紧急呼叫、新增业务；单板软件下载、语音文件下载、KDT 调度台软件升级、调度台按键传送（8 000 条）、配置数据上传、分系统 MPU 数据清空并下载、MPU 数据复制、调度台数据复制；局部自动切换和自动恢复的故障、全局自动切换和自动恢复的故障、手动切换和手动恢复的情形、调度台本身故障时、主系统及调度台全部故障、切换时间等 25 个子功能模块。25 个子功能模块总共包含了 305 个测试功能需求。

3.2　实训环境

3.2.1　教学网站测试环境

《软件项目管理》教学网站测试环境如下。

3.2.1.1　硬件环境

局域网中有一个服务器端，多个客户端，网络拓扑如图 3-5 所示。

图 3-5　局域网网络拓扑

（1）服务器端

SPM +版本（1.0）+D:/SPM+jsp 项目

（a）计算机

电脑型号	方正 PC 台式电脑
操作系统	Windows 7 旗舰版 32 位 SP1（DirectX 11）
处理器	英特尔 Core i5 650 @ 3.20 GHz 双核
主板	方正 H55H-CM2 (英特尔 H55 芯片组)
内存	4 GB（三星 DDR3 1 333 MHz）
主硬盘	希捷 ST31000528AS（998 GB / 7 200 转/分）
显卡	英特尔 HD Graphics（1 275 MB / 精英）
网卡	英特尔 82578DC Gigabit Network Connection / 精英

（b）处理器

处理器	英特尔 Core i5 650 @ 3.20 GHz 双核
速度	3.20 GHz (133 MHz×24.0)
处理器数量	核心数: 2 / 线程数: 4
核心代号	Clarkdale
生产工艺	32 nm

插槽/插座	Socket 1 156 (LGA)
一级数据缓存	2×32 KB, 8-Way, 64 byte lines
一级代码缓存	2×32 KB, 4-Way, 64 byte lines
二级缓存	2×256 KB, 8-Way, 64 byte lines
三级缓存	4 MB, 16-Way, 64 byte lines
特征	MMX, SSE, SSE2, SSE3, SSSE3, SSE4.1, SSE4.2, HTT, EM64T, EIST,

Turbo Boost

（2）客户端

下面为实验所用计算机的两种类型的客户端硬件指标。

（a）客户端一指标

计算机：

电脑型号	方正 Founder PC 台式电脑
操作系统	Windows XP 专业版 32 位 SP3（DirectX 9.0c）
处理器	英特尔 酷睿 2 四核 Q9500 @ 2.83 GHz
主板	富士康 G41MXE（英特尔 4 Series 芯片组 - ICH7）
内存	4 GB（三星 DDR3 1 333 MHz）
主硬盘	希捷 ST3500418AS（498 GB / 7 200 转/分）
显卡	英特尔 G41 Express Chipset（256 MB / 富士康）

处理器：

处理器	英特尔 酷睿 2 四核 Q9 500 @ 2.83 GHz
速度	2.83 GHz (333 MHz×8.5) / 前端总线: 1 333 MHz
处理器数量	核心数: 4 / 线程数: 4
核心代号	Yorkfield
生产工艺	45 nm
插槽/插座	Socket 775 (FC-LGA6)
一级数据缓存	4×32 KB, 8-Way, 64 byte lines
一级代码缓存	4×32 KB, 8-Way, 64 byte lines
二级缓存	2×3 MB, 12-Way, 64 byte lines (2 833 MHz)
特征	MMX, SSE, SSE2, SSE3, SSSE3, SSE4.1, EM64T, EIST

主板：

主板型号	富士康 G41MXE
芯片组	英特尔 4 Series 芯片组 - ICH7
板载设备	Onboard VGA / 视频设备（启用）
板载设备	Onboard LAN / 网卡（启用）
板载设备	AUDIO / 音频设备（启用）
BIOS	American Megatrends Inc. 080015

（b）客户端二指标

计算机：

电脑型号	方正 Founder PC 台式电脑
操作系统	Windows 7 旗舰版 32 位 SP1（DirectX 11）

处理器	英特尔 酷睿 2 四核 Q9 500 @ 2.83 GHz
主板	富士康 G41MXE (英特尔 4 Series 芯片组 - ICH7)
内存	4 GB (三星 DDR3 1 333 MHz)
主硬盘	希捷 ST3500418AS (498 GB / 7 200 转/分)
显卡	英特尔 G41 Express Chipset (1 422 MB / 富士康)
网卡	瑞昱 RTL8168D(P)/8111D(P) PCI-E Gigabit Ethernet NIC / 富士康

处理器：

处理器	英特尔 酷睿 2 四核 Q9500 @ 2.83GHz
速度	2.83 GHz (333 MHz×8.5) / 前端总线: 1 333 MHz
处理器数量	核心数：4 / 线程数: 4
核心代号	Yorkfield
生产工艺	45 nm
插槽/插座	Socket 775 (FC-LGA6)
一级数据缓存	4×32 KB, 8-Way, 64 byte lines
一级代码缓存	4×32 KB, 8-Way, 64 byte lines
二级缓存	2×3 MB, 12-Way, 64 byte lines
特征	MMX, SSE, SSE2, SSE3, SSSE3, SSE4.1, EM64T, EIST

主板：

主板型号	富士康 G41MXE
芯片组	英特尔 4 Series 芯片组 - ICH7
板载设备	Onboard VGA / 视频设备 (启用)
板载设备	Onboard LAN / 网卡 (启用)
板载设备	AUDIO / 音频设备 (启用)
BIOS	American Megatrends Inc. 080015

3.2.1.2　软件环境

（1）服务器

操作系统：Win7

Web 服务:Tomcat 7.0.41

数据库：mySqlServer

（2）客户端

客户端一：

操作系统：Win7

测试软件：LoadRunner 11.00

客户端二：

操作系统：Windows xp

测试软件：apache-jmeter-2.6

3.2.1.3　部署运行步骤

（1）安装部署

（a）解压 Tomcat.zip 压缩包；

（b）在 Tomcat 安装目录的 webapps 文件夹下新建一个文件夹 SPM（必须是英文，名字可以自取，访问的时候输入自己建的文件夹名），将原 SPM 项目中的 WebRoot 文件夹下所有文件复制到新建的文件夹 SPM 下；

（c）将 mysql_connector_java_5.1.27_bin.jar(数据库连接驱动)文件复制到 Tomcat7 安装目录的 lib 文件夹下（否则 Tomcat 连接 MySQL 数据库会失败）。

（2）运行

（a）双击启动 Tomcat.bat；

（b）出现如图 3-6 所示页面即安装成功。点击 Tomcat7.0x，start，进行网页发布；

图 3-6　Tomcat 运行

（c）在同一局域网中的其他客户端打开浏览器，输入服务器 IP 地址/SPM/JSP/index.jsp 即可访问网站首页，如图 3-7 所示。

图 3-7　服务器网站首页

3.2.2 MDS3400 调度指挥通信系统测试环境

3.2.2.1 测试环境组网

本次测试的组网环境如图 3-8 所示，测试环境是 MDS3400v2.8 设置 5 个系统，前 4 个系统各自通过第一路 E1 进行数字环连接，备用系统通过 1、2 槽的 DTL 板与主用系统进行数字中继连接，通过 13、14 槽的 DTL 板与上级局进行数字中继连接。采用的主要辅助环境是一些基本终端设备，例如 KDT、一体化调度台、电话等。

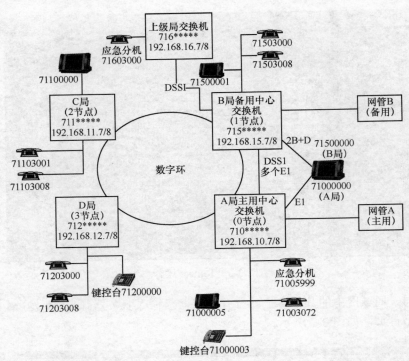

图 3-8 测试组网环境

3.2.2.2 测试配置清单

本次测试目标为多功能板环路子板功能测试，测试目标清单包括系统硬件配置信息清单、硬件单板版本信息清单、硬件单板逻辑版本信息清单和单板软件版本信息清单。

系统硬件配置信息如表 3-2 所示。

表 3-2　　　　　　　　　　　　　　　　系统硬件配置信息

板件名称	版本信息	数目/块	测试中损坏数目/块
主控板 MPU	MPU01V04	10	0
摸拟用户板 ASL	ASL01V02	6	0
数字用户板 DSL	DSL01V02	6	0
数字中继板 DTL	DTL01V03	10	0
数字环板 DLL	DLL01V01	8	1
EDSL	DTL01V04	3	0

续表

板件名称	版本信息	数目/块	测试中损坏数目/块
铃流板 RNG	RNG01V02	12	0
驱动板 DRV	DRV01V02	2	0
扩展板 EXT	EXT01V02	2	0

硬件单板版本信息如表 3-3 所示。

表 3-3　　　　　　　　　　　　　　硬件单板版本信息

单板	版本号	发布日期
主控板 MPU	MPU01V04	071130
摸拟用户板 ASL	ASL01V02	080304
数字用户板 DSL	DSL01V02	080103
数字中继板 DTL	DTL01V03	100716
数字环板 DLL	DLL01V01	091021
EDSL	DTL01V04	091202
铃流板 RNG	RNG01V02	—
驱动板 DRV	DRV01V02	091021
扩展板 EXT	EXT01V05	—

硬件单板逻辑版本信息如表 3-4 所示。

表 3-4　　　　　　　　　　　　　硬件单板逻辑版本信息

单板	版本号	发布日期
主控板 MPU	MPU01V04_CPLD1_V01_D071130.pof	071130
摸拟用户板 ASL	ASL01V02-8_EPLD_V01_D080304.pof	080304
数字用户板 DSL	DSL01V02_EPLD_V01_D080103.pof	080103
数字中继板 DTL	DTL01V03_EPLD_V01_D071128.pof	071128
数字环板 DLL	DLL01V01_EPLD1_V01_D080103.pof	081003
EDSL	DTL01V04_EPLD_V02_D091202.pof	091202
驱动板 DRV	DRV01V02_FPGA_V01_D080109.pof	091021
扩展板 EXT	无	—

单板软件版本信息如表 3-5 所示。

表 3-5　　　　　　　　　　　　　　单板软件版本信息

序号	单板	版本	说明
1	主控板 MPU	MDS_MPU_V2.8.12_64_D110428.zip	—
		Tone_DSPLoad_2010-08-04.bin	音源
		101_通用.wav	101 号音源
2	摸拟用户板 ASL	MDS_ASL_V2.6.1_D101223.bin	bin 文件

续表

序号	单板	版本	说明
3	数字用户板 DSL	MDS_DSL_V2.8.2_D110316.bin	bin 文件
4	数字中继板 DTL	MDS_DTL_V2.6.2_D110111.bin	bin 文件
5	数字环板 DLL	MDS_DLL_V2.8.11_D110510.bin	bin 文件
6	EDSL	MDS_EDSL_V2.6.1_D101223.bin	bin 文件
7	铃流板 RNG	—	—
8	驱动板 DRV	MDS_DRV_V2.6.1_D101228.bin	bin 文件
9	扩展板 EXT	—	—

配合测试设备在测试方案中的配置情况如表 3-6 所示。

表 3-6   配合测试设备清单

设备名称	厂家和型号及版本	参测数量/台	测试中损坏或失效数量/台
电话机	以联通数码，型号不详，版本不详	14	0
KDT 键控操作台	KDT_BU_G_V1.53_D110511.bin KDT_BU_G_V1.53_D110511.hex KDT_EU_V1.00_D091029.hex KDT_CU_G_V1.21_D091124.bin	2	0
综合一体化操作台	G-E_DISPATCHER_V3.11_D100416.bin G-E_DISPATCHER_V3.11_D100416.hex	2	0

第4章

DTS 工具测试

软件缺陷测试系统（DTS）是由北京邮电大学、北京博天院信息技术有限公司联合研发的新型软件测试工具，拥有全部的知识产权。DTS 采用全新的软件测试理念、应用目前国际上主流的软件测试技术，是国内第一套基于软件缺陷的测试工具，应用 DTS 可大大提高软件的测试效率和软件质量。

4.1 实验目的

通过 DTS 工具对被测对象的代码进行测试，完成白盒测试，以提高产品的核心质量。

4.2 实验准备

4.2.1 登录虚拟机

在 3 台物理机中，双击桌面的虚拟机软件"VMware Workstation"打开虚拟机 master01、slave01、slave02（位置分别在 E:\DTS\master01、E:\DTS\slave01、E:\DTS\slave02），并使用密码分别登录到 XP 虚拟机里，密码和用户名均为 hadoop，如图 4-1~图 4-3 所示。

图 4-1 master01 登录界面

图 4-2 slave01 登录界面

图 4-3 slave02 登录界面

4.2.2 远程连接

各个虚拟机登录成功后，即可在 master01 所在的物理机上完成以下操作。

打开桌面上的"Remote Desktop Connection Manager"软件（已安装），远程连接到 master01、slave01、slave02 这 3 台 XP 虚拟机(注意：3 台虚拟机在一个网段，master01 物理机为此网段的网关)。右击选择 Connect server，如图 4-4 和图 4-5 所示。

4.2.3 启动 DTS

在 XP 虚拟机中使用 cygwin 终端（桌面上）分别执行以下命令。

（1）启动 HDFS：(master01) $> $HADOOP/bin/hadoop-daemon.sh start namenode

(master01) $> $HADOOP/bin/hadoop-daemon.sh start secondarynamenode，如图 4-6 所示。

(slave01、slave02) $> $HADOOP/bin/hadoop-daemon.sh start datanode，如图 4-7 和图 4-8 所示。

图 4-4　远程控制端

图 4-5　连接客户端

图 4-6　启动 HDFS（master01）

图 4-7　启动 HDFS（slave01）

图 4-8　启动 HDFS（slave02）

（2）等待 1~2 min 后，master01 上用以下命令查看。

(master01) $> $HADOOP/bin/hadoop dfsadmin -safemode get，若出现 Safe mode is OFF，才能继续执行，如图 4-9 所示。

(master01) $> $HADOOP/bin/hadoop-daemon.sh start jobtracker ，如图 4-10 所示。

(slave01 ~ slave02) $> $HADOOP/bin/hadoop-daemon.sh start tasktracker，如图 4-11 和图 4-12 所示。

（3）建议新开一个 cygwin 终端窗口单独执行以下命令。

(slave01、slave02) $> $ZK/bin/zkServer.sh start，如图 4-13 和图 4-14 所示。

（4）启动 HBase：(master01) $> $HBASE/bin/hbase-daemon.sh start master，如图 4-15 所示。

(slave01、slave02) $> $HBASE/bin/hbase-daemon.sh start regionserver 如图 4-16 和图 4-17 所示。

图 4-9　safemode

图 4-10　jobtracker

图 4-11　tasktracker（slave01）

图 4-12　tasktracker（slave02）

图 4-13　start（slave01）

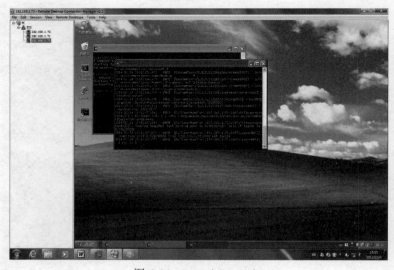

图 4-14　start（slave02）

图 4-15　启动 HBase（master01）

图 4-16　启动 HBase（slave01）

图 4-17　启动 HBase（slave02）

（5）在 master01 桌面上双击"Tomcat Startup"图标，启动 Tomcat，如图 4-18 所示。

图 4-18　启动 Tomcat

4.3　实验内容

在 master01 所在物理机上用浏览器访问 DTS 网站，全部启动之后，可能需要等 1~2 min 才能登录网站。

4.3.1　使用 DTSCloud 进行测试

（1）复制网址 http://192.168.1.70:8080/webdts 到浏览器地址栏进行访问。使用已注册账号：1990 ，密码：123 登录，如图 4-19 所示。

图 4-19　STCloud

（2）选择要测试的程序包（可以是 java，C，C++），然后点击上传，如图 4-20 所示。

（3）单击测试，选择源文件和库文件，开始测试。如图 4-21 和图 4-22 所示。

图 4-20　测试程序上传

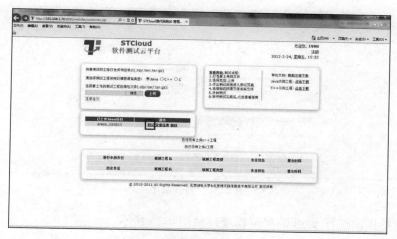

图 4-21　测试

图 4-22　源文件选择

（4）等待测试中，如图 4-23 所示。

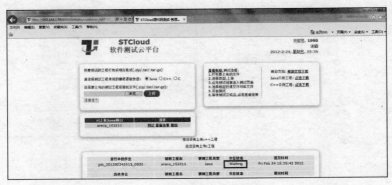

图 4-23　等待测试

（5）测试 succeeded 后，查看结果，如图 4-24 所示。

图 4-24　测试结果

（6）分析结果，选择 fault 的严重程度，如图 4-25 所示。

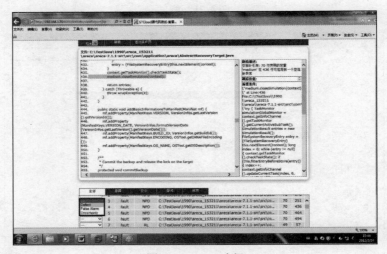

图 4-25　fault 选择

（7）导出测试结果，如图 4-26 所示。

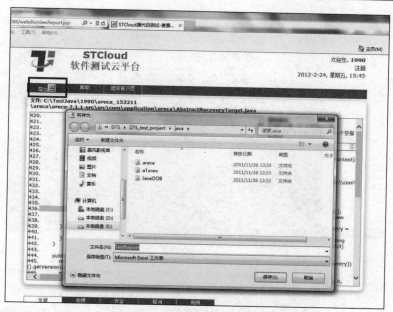

图 4-26　测试结果导出

4.3.2　退出 DTSCloud

（1）关闭 Tomcat，直接关掉 Tomcat 窗口即可。

（2）在 master01 上使用 cygwin 终端关闭 HBase，输入命令行：$HBASE/bin/stop-hbase.sh，如图 4-27 所示。

图 4-27　master01 关闭 HBase

（3）分别在 slave01、slave02 上关闭 Zookeeper，分别输入命令行：$ZK/bin/zkServer.sh stop，如图 4-28 和图 4-29 所示。

（4）在 master01 上关闭 Hadoop，输入命令行：$HADOOP/bin/stop-all.sh，如图 4-30 所示。

图 4-28　关闭 Zookeeper（slave01）

图 4-29　关闭 Zookeeper（slave02）

图 4-30　关闭 Hadoop（master01）

（5）单击"注销"，退出 DTSCloud。

4.4　代码测试

4.4.1　SPM 教学网站代码测试

下面是《软件项目管理》教学网站的一部分代码。

```java
package dataDML;

import java.io.FileInputStream;
import java.io.FileNotFoundException;
import java.io.IOException;
import java.io.InputStream;
import java.sql.Connection;
import java.sql.DriverManager;
import java.sql.PreparedStatement;
import java.sql.SQLException;

import org.apache.poi.hssf.usermodel.HSSFRow;
import org.apache.poi.hssf.usermodel.HSSFSheet;
import org.apache.poi.hssf.usermodel.HSSFWorkbook;
import org.apache.poi.poifs.filesystem.POIFSFileSystem;

public class DataInsert {
    public static String driver = "com.mysql.jdbc.Driver";
    public static String url = "jdbc:mysql://127.0.0.1:3306/ SPM?useUnicode=
true&characterEncoding=utf8";
    public static Connection conn;
    public static void main(String[] args) {
        try{
            Class.forName(driver);
            conn = DriverManager.getConnection(url, "root", "admin");
            insertData("score");//score 为要插入的数据表名


        }catch (ClassNotFoundException e) {
            // TODO Auto-generated catch block
            e.printStackTrace();
        } catch (SQLException e) {
            // TODO Auto-generated catch block
            e.printStackTrace();
        }

    }
    @SuppressWarnings("deprecation")
    private static void insertData(String tbName) {
        // TODO Auto-generated method stub
        //casilin:插入数据，先从 excel 中读取数据
        try{
            InputStream is = new FileInputStream("WebRoot/Excel/1.xls");
            ExcelReader excelReader = new ExcelReader();
```

```
                //开始建立插入的 sql 语句,每一次插入的开头都是不变的,都是字段名
                StringBuffer sqlBegin = new StringBuffer("insert into " + tbName +
    "(stu_id,name,class,usu_score,mid_score,final_score,exp_score");

                sqlBegin.append(") values (");
                is.close();


                //下面读取字段内容
                POIFSFileSystem fs;
                HSSFWorkbook wb;
                HSSFSheet sheet;
                HSSFRow row;

                is = new FileInputStream("WebRoot/Excel/1.xls");
                fs = new POIFSFileSystem(is);
                wb = new HSSFWorkbook(fs);
                sheet = wb.getSheetAt(0);

                //得到总行数
                int rowNum = sheet.getLastRowNum();
                row = sheet.getRow(0);
                int colNum = row.getPhysicalNumberOfCells();

                //正文内容应该从第二行开始,第一行为表头的标题
                String sql = new String(sqlBegin);
                String temp;
                for (int i = 5; i <= rowNum; i++) {
                    row = sheet.getRow(i);
                    int j = 0;
                    while (j<colNum-1) {
                        temp = excelReader.getStringCellValue(row.getCell((short)
    j)).trim();

                        sql = sql + temp;

                        if (j != colNum-2){
                            sql = sql + ",";}

                        j ++;
                    }
                    sql = sql + ")";
                    System.out.println(sql.toString());
                    PreparedStatement ps = conn.prepareStatement(sql.toString());
                    ps.execute();
                    ps.close();
                    sql = "";
                    sql = sqlBegin.toString();


                }
```

```
    }catch (FileNotFoundException e) {
        // TODO Auto-generated catch block
        e.printStackTrace();
    }catch (IOException e) {
        e.printStackTrace();
    }catch (SQLException e) {
        // TODO Auto-generated catch block
        e.printStackTrace();
        }
    }
}
```

通过 DTS 测试，得出的测试结果如表 4-1 所示。

表 4-1　　　　　　　　　　　　　　测试结果

Defect	Category	File	Variable	StartLine	IPLine	Judge	Description	PreConditions	TraceInfo
fault	RL	C:\TestJava\1990\ src_083025\src\co m\teacher\Course ManageAction.ja va	rs	41	44	null	资源泄漏：在 41 行分配的资源可能在 44 行泄漏	"return mapping.findForward ("manageSuccess");" at Line:44 File:C:\TestJava\1990\src_083025\ src\com\teacher\CourseManageA ction.java"rs=stmt.executeQuery(sql)" at Line:41 File:C:\TestJava\ 1990\src_083025\src\com\teacher\ CourseManageAction.java	
fault	RL	C:\TestJava\1990\ src_083025\src\co m\teacher\Course ManageAction.ja va	conn	37	44	null	资源泄漏：在 37 行分配的资源可能在 44 行泄漏	"return mapping.findForward ("manageSuccess");" at Line:44 File:C:\TestJava\1990\src_083025\ src\com\teacher\CourseManageA ction.java "conn=DriverManager. Get Connection("jdbc:mysql:// localhost:3306/SPM","root","adm in")" at Line:37 File:C:\TestJava\ 1990\src_083025\src\com\teacher \ CourseManageAction.java	
fault	RL	C:\TestJava\1990\ src_083025\src\co m\teacher\Course ManageAction.ja va	stmt	38	44	null	资源泄漏：在 38 行分配的资源可能在 44 行泄漏	"return mapping.findForward ("manageSuccess");" at Line:44 File:C:\TestJava\1990\src_083025 \src\com\teacher\CourseManageA ction.java "stmt = conn.create Statement()" at Line:38 File:C:\ TestJava\1990\src_083025\src\co m\teacher\CourseManageAction.j ava	
fault	RL	C:\TestJava\1990\ src_083025\src\co m\teacher\Course ManageAction.ja va	rs	41	49	null	资源泄漏：在 41 行分配的资源可能在 49 行泄漏	" }" at Line:49 File:C:\TestJava\ 1990\src_083025\src\com\teacher \CourseManageAction.java" rs= stmt.executeQuery(sql)" at Line: 41 File:C:\TestJava\1990\src_ 083025\src\com\teacher\CourseM anageAction.java	
fault	RL	C:\TestJava\1990\ src_083025\src\co m\teacher\Course ManageAction.ja va	conn	37	49	null	资源泄漏：在 37 行分配的资源可能在 49 行泄漏	" }" at Line:49 File:C:\TestJava\ 1990\src_083025\src\com\teacher \CourseManageAction.java "conn=DriverManager.getConnec tion("jdbc:mysql://localhost:3306/ SPM","root","admin")" at Line: 37File:C:\TestJava\1990\src_ 083025\src\com\teacher\CourseM anageAction.java	

Defect	Category	File	Variable	StartLine	IPLine	Judge	Description	PreConditions	TraceInfo
fault	RL	C:\TestJava\1990\src_083025\src\com\teacher\CourseManageAction.java	stmt	38	49	null	资源泄漏：在 38 行分配的资源可能在 49 行泄漏	" }" at Line:49 File:C:\TestJava\1990\src_083025\src\com\teacher\CourseManageAction.java "stmt = conn.createStatement()" at Line:38File:C:\TestJava\1990\src_0830 25\com\teacher\CourseManag eAction.java	
fault	RL	C:\TestJava\1990\src_083025\src\dataDML\DataInsert.java	is	61	102	null	资源泄漏：在 61 行分配的资源可能在 102 行泄漏	"catch(SQLException e){// TODO Auto-generated catch block e.printStackTrace(); }" at Line:102 File:C:\TestJava\1990\src_083025 \src\dataDML\DataInsert.java "is = newFileInputStream("WebRoot/ Excel/1.xls")" at Line: 61 File:C:\ TestJava\1990\src_083025\src\dat aDML\DataInsert.java	
fault	RL	C:\TestJava\1990\src_083025\src\dataDML\DataInsert.java	ps	89	102	null	资源泄漏：在 89 行分配的资源可能在 102 行泄漏	"catch (SQLException e) { // TODO Auto-generated catch block e.printStackTrace(); }" at Line:102 File:C:\TestJava\ 1990\ src_083025\src\dataDML\DataIns ert.java "PreparedStatement ps = conn.prepareStatement(sql.to String())" at Line:89 File:C:\ TestJava\ 1990\src_083025\src\ dataDML\DataInsert.java	
fault	RL	C:\TestJava\1990\src_083025\src\dataDML\DataInsert.java	is	61	105	null	资源泄漏：在 61 行分配的资源可能在 105 行泄漏	" }" at Line:105 File:C:\TestJava\ 1990\src_083025\src\dataDML\D ataInsert.java "is = new File InputStream("WebRoot/Excel/1.xl s")" at Line:61 File:C:\ TestJava\ 1990\src_083025\src\dataDML\D ataInsert.java	
fault	NPD_NULL_CHECK	C:\TestJava\1990\src_083025\src\dataDML\ExcelReader.java	strCell	57	77	null	空指针引用:57 行上声明的变量 'strCell'在 77 行可能导致一个空指针引用异常		
fault	NPD_PRE_CHECK	C:\TestJava\1990\src_083025\src\dataDML\ExcelReader.java	cell	56	58	null	空指针引用：在 56 行声明的变量 'cell' 在 58 行可能导致一个空指针异常，因为该变量在当前函数的其他地方进行了空指针检查，这暗示了它可能为 null		

4.4.2 BWChessDlg.cpp 代码测试

BWChessDlg.cpp 代码代码如下。

```
// BWChessDlg.cpp : implementation file
#include "stdafx.h"
```

```
#include <math.h>
#include <mmsystem.h>//播放声音的头文件
#include "BWChess.h"
#include "SetupDlg.h"
#include "AboutDlg.h"
#include "Globalvar0.h"
#include "HelperAPI.h" //定义了 3 个对话框函数
#include "BWChessDlg.h"
#include "RecorDdlg.h"
#include "BestDlg.h"
#include <time.h>
#include "SettingDlg.h"
#include "Demo.h"
#include "windows.h"
#include "Message1.h"
#include "ip1.h"
#ifdef _DEBUG
#define new DEBUG_NEW
#undef THIS_FILE
static char THIS_FILE[] = __FILE__;
#endif
/////////////////////////////////////////////////////////////////////////
// CBWChessDlg dialog
BOOL PlaySounds(UINT IDSoundRes, WORD wFlag)//播放声音
{ //PlaySound 是标准函数<win.h>
    if (g_bSoundOn)
        if (PlaySound(MAKEINTRESOURCE(IDSoundRes),//播放的声音资源
            AfxGetInstanceHandle(),//指明实例
            wFlag|SND_RESOURCE|SND_NODEFAULT))//标识位：不默认，使用实例包含的资源
            return TRUE;
    return FALSE;
}

CBWChessDlg::CBWChessDlg(CWnd* pParent ): CDialog(IDD_BWCHESS_DIALOG, pParent)
{
    m_hIcon = AfxGetApp()->LoadIcon(IDR_MAINFRAME);//载入图标 to m_hIcon ，不载入
则使用默认图标
    m_pMenu = new CMenu();//菜单
    m_PaintNum=0;
    hAccelerator=::LoadAccelerators(AfxGetInstanceHandle(),MAKEINTRESOURCE(IDR
_ACC));
    //载入加速键
    g_nCanHintTimeB= 3;
    g_nCanHintTimeW= 3;
    g_nStrollSpeed= 2;
    //获得时间和速度
    g_nStrollSpeed=abs(g_nStrollSpeed);
    g_nStrollSpeed%=3;//速度分为 3 种：低、中、高
    g_nCanHintTimeB=abs(g_nCanHintTimeB);
    g_nCanHintTimeB%=31;
    if(g_nCanHintTimeB<3)
        g_nCanHintTimeB=3;
```

```
        g_nCanHintTimeW=abs(g_nCanHintTimeW);
        g_nCanHintTimeW%=31;
        if(g_nCanHintTimeW<3)
            g_nCanHintTimeW=3;
        //读注册表（关于英雄榜）
        g_nTime1      =AfxGetApp()->GetProfileInt(pSettings, _T("Time1"), 0);
        g_nTime2      =AfxGetApp()->GetProfileInt(pSettings, _T("Time2"), 0);
        g_nTime3      =AfxGetApp()->GetProfileInt(pSettings, _T("Time3"), 0);
        g_nMark1      =AfxGetApp()->GetProfileInt(pSettings, _T("Mark1"), 0);
        g_nMark2      =AfxGetApp()->GetProfileInt(pSettings, _T("Mark2"), 0);
        g_nMark3      =AfxGetApp()->GetProfileInt(pSettings, _T("Mark3"), 0);
        g_strName1        =AfxGetApp()->GetProfileString(pSettings,    _T("Name1"),
_T("Anonymous"));
        g_strName2        =AfxGetApp()->GetProfileString(pSettings,    _T("Name2"),
_T("Anonymous"));
        g_strName3        =AfxGetApp()->GetProfileString(pSettings,    _T("Name3"),
_T("Anonymous"));
        //写入注册表（关于英雄榜）
        CString str;
        str.LoadString (IDS_AUTHOR);//载入字符串作者信息
        AfxGetApp()->WriteProfileString(_T("Author"), _T("Shuker"), str);
        AfxGetApp()->WriteProfileInt(pSettings, _T("Time1"), g_nTime1);
        AfxGetApp()->WriteProfileInt(pSettings, _T("Time2"), g_nTime2);
        AfxGetApp()->WriteProfileInt(pSettings, _T("Time3"), g_nTime3);
        AfxGetApp()->WriteProfileInt(pSettings, _T("Mark1"), g_nMark1);
        AfxGetApp()->WriteProfileInt(pSettings, _T("Mark2"), g_nMark2);
        AfxGetApp()->WriteProfileInt(pSettings, _T("Mark3"), g_nMark3);
        AfxGetApp()->WriteProfileString(pSettings, _T("Name1"), g_strName1);
        AfxGetApp()->WriteProfileString(pSettings, _T("Name2"), g_strName2);
        AfxGetApp()->WriteProfileString(pSettings, _T("Name3"), g_strName3);
    }

CBWChessDlg::~CBWChessDlg()//释放资源
{   //以下为 new 对应的资源
    delete m_pMenu;
}

void CBWChessDlg::InitParams()
{
    for (int i=0; i<NUM;i++)
        for (int j=0; j<NUM; j++)
        kernel[i][j] = 0;    //0 for none,1 for white,2 for black, 棋盘的初态

    kernel[3][3]=kernel[4][4]=2;//开局
    kernel[3][4]=kernel[4][3]=1;//4 颗子

    m_CurPt.x = m_CurPt.y =-1;//放子的位置（初态）

    num_black=2;//黑子颗数
    num_white=2;//白子颗数

    m_PassedTime=0;//黑棋流逝的时间
    m_PassedTime0=0;//白棋流逝的时间
    m_bGameOver = FALSE;//游戏是否已经结束
```

```
        //m_byColor 是本程序的核心变量
    m_byColor = 0; //代表棋手的颜色，在使用之前代表前一个棋手的颜色，
                  //使用完之后代表当前棋手的颜色，因此使用之前要将其取反 1：黑 0：白
    m_Skip=0;//对方是否无子可下，即对方是否跳过不下
    g_nStoneNum=0;//格子的个数
    m_TimerOn=0;//时间是否在计数
    m_HintOnce=0;//是否提示
    m_PeekOnce=0;//是否查看可下棋的位置
    m_IsGameStart=0;//游戏是否已经开始
    m_ListInfo.ResetContent();//清空列表
    m_HintTime0=0;//白棋点击的次数
    m_HintTime1=0;//黑棋点击的次数
    ListInfo.destroy();//stack 类，清空信息空栈
    m_UndoPoint.Destroy();//undo 类，清空悔棋信息空栈
}

void CBWChessDlg::DoDataExchange(CDataExchange* pDX)
{
    CDialog::DoDataExchange(pDX);
    //{{AFX_DATA_MAP(CBWChessDlg)
    //以下部分是将控件与变量联系起来
    DDX_Control(pDX, IDC_TIME_CHINESE0, m_Time0);//白棋用时
    DDX_Control(pDX, IDC_INFO, m_Info);//走棋信息
    DDX_Control(pDX, IDC_LISTINFO, m_ListInfo);//走棋信息列表
    DDX_Control(pDX, IDC_WNUM, m_Wnum);//白棋数目
    DDX_Control(pDX, IDC_TIME_CHINESE, m_Time);//黑棋用时
    DDX_Control(pDX, IDC_BNUM, m_Bnum);////黑棋数目
    //}}AFX_DATA_MAP
}

BEGIN_MESSAGE_MAP(CBWChessDlg, CDialog)//消息映射函数
    //{{AFX_MSG_MAP(CBWChessDlg)
    ON_WM_PAINT()//窗口内画图
    ON_WM_LBUTTONDOWN() //鼠标左击
    ON_COMMAND(IDM_NEW, OnNew)    //菜单命令
    ON_COMMAND(IDM_EXIT, OnExit)    //菜单命令
    ON_COMMAND(IDM_ABOUT, OnAbout)    //菜单命令
    ON_WM_SETCURSOR()
    ON_WM_QUERYDRAGICON()
    ON_WM_SYSCOMMAND()
    ON_WM_CONTEXTMENU()//弹出菜单
    ON_WM_TIMER()
    ON_COMMAND(IDM_UNDO, OnUndo)//以下全为菜单命令
    ON_COMMAND(IDM_BEST, OnBest)
    ON_COMMAND(IDM_HINT, OnHint)
    ON_COMMAND(IDM_CANPLACE, OnCanplace)
    ON_COMMAND(IDM_SETTING, OnSetting)
    ON_COMMAND(IDM_OPEN, OnOpen)
    ON_COMMAND(IDM_SAVE, OnSave)
    ON_COMMAND(IDM_SAVEINFO, OnSaveinfo)
    ON_COMMAND(IDM_DEMO, OnDemo)
    ON_COMMAND(ID_Onhost, OnHost)
```

```
        ON_COMMAND(ID_Onconnect, OnConnect)
        ON_COMMAND(ID_Unlink, OnUnlink)
        ON_COMMAND(IDM_REPLAY, OnReplay)
        //}}AFX_MSG_MAP
        ON_LBN_DBLCLK(IDC_LISTINFO , OnListDoubleClicked)
    END_MESSAGE_MAP()

/////////////////////////////////////////////////////////////////////////
// CBWChessDlg message handlers

BOOL CBWChessDlg::OnInitDialog()
{
    CDialog::OnInitDialog();
    SetIcon(m_hIcon, TRUE);              // Set big icon, m_hIcon 是图标变量
    SetIcon(m_hIcon, FALSE);             // Set small icon
    CBitmap bitmap;
    bitmap.LoadBitmap(IDB_EMPTY);
    BITMAP bm;
    bitmap.GetBitmap(&bm);
    m_wStoneWidth=(unsigned short) bm.bmWidth;          //bmWidth,bm.bmHeight
    m_wStoneHeight=(unsigned short)bm.bmHeight;
    CBitmap bitmap1;
    bitmap1.LoadBitmap(IDB_F1_2);
    bitmap1.GetBitmap(&bm);
    m_wFrameWidth=(unsigned short)bm.bmWidth;           //bmWidth,bm.bmHeight
    m_wFrameHeight=(unsigned short)bm.bmHeight;
//获取系统的相关信息
    int cxScreen = ::GetSystemMetrics(SM_CXSCREEN);
    int cyScreen = ::GetSystemMetrics(SM_CYSCREEN);
    int cxDlgFrame = ::GetSystemMetrics(SM_CXDLGFRAME);
    int cyDlgFrame = ::GetSystemMetrics(SM_CYDLGFRAME);
    int cxCaption = ::GetSystemMetrics(SM_CYCAPTION);
    int cyMenu = ::GetSystemMetrics(SM_CYMENU);//系统菜单的宽度
    int nWidth = m_wFrameHeight*2+ m_wFrameWidth*8 + 2*cxDlgFrame;//根据位图和系
统参数
    int nHeight = m_wFrameHeight*2+ m_wFrameWidth*8 + cxCaption + 2*cyDlgFrame +
cyMenu;//确定界面的大小
    MoveWindow((cxScreen-nWidth-230)/2,        (cyScreen-nHeight)/2,nWidth+230,
nHeight+2);
                    //确定窗口的位置和大小，默认状态是响应重画消息
    TimeCount.Create(this,nWidth+ 20, 40  ,0,4);//时间和棋子计数控件(自定义)的创建，
4 代表 4 位数，0 无效
    TimeCount0.Create(this,nWidth+20, 120 ,0,4);
    BCount.Create    (this,nWidth+ 34, 230 ,0,2);
    WCount.Create    (this,nWidth+ 34 ,310 ,0,2);
//  ShowNumber(1);static 文本控件的位置和大小，以像素为单位，this 的左上角为（0，0）
    m_Time.MoveWindow(nWidth+18 ,20 ,60,20);
    m_Time0.MoveWindow(nWidth+18 ,100 ,60,20);
    m_Bnum.MoveWindow(nWidth+18 ,210 ,60,20);
    m_Wnum.MoveWindow(nWidth+18 ,290 ,60,20);
    m_ListInfo.MoveWindow(nWidth+95,22,110,410);//列表
    m_Info.MoveWindow(nWidth+95,2,110,20);//m_Infostatic 文本
```

```
    m_IsGameStart=1;//游戏是否开始
    //设置系统菜单
    CMenu* sysmenu=GetSystemMenu(FALSE);
    sysmenu->DeleteMenu(2,MF_BYPOSITION);
    sysmenu->DeleteMenu(0,MF_BYPOSITION);
    sysmenu->DeleteMenu(2,MF_BYPOSITION);
    CString str;
    str.LoadString(IDS_TITLE_CHINESE);//IDS_TITLE_CHINESE:"黑白棋"
    SetWindowText(str);//设置标题
    m_pMenu->DestroyMenu();
    m_pMenu->LoadMenu(IDR_MENU_CHINESE);//载入主界面菜单
    SetMenu(m_pMenu);
    m_pMenu->EnableMenuItem(IDM_HINT,MF_GRAYED);//提示无效
    m_pMenu->EnableMenuItem(IDM_UNDO,MF_GRAYED);//悔棋无效
    m_pMenu->EnableMenuItem(IDM_CANPLACE,MF_GRAYED);//查看可以下子的地方无效
    m_pMenu->EnableMenuItem(IDM_SAVE,MF_GRAYED);//保存棋局无效
    m_pMenu->EnableMenuItem(IDM_SAVEINFO,MF_GRAYED);//导出走棋信息无效
    m_pMenu->EnableMenuItem(IDM_REPLAY,MF_GRAYED);//重温棋局无效
    if(g_bTopMost)//最前面，不移动，不改变大小
        SetWindowPos(&wndTopMost,0,0,0,0,SWP_NOMOVE | SWP_NOSIZE);
    else//不是最前面
        SetWindowPos(&wndNoTopMost,0,0,0,0,SWP_NOMOVE | SWP_NOSIZE);
    m_wXNull = m_wFrameHeight+1;//9 //包括白线
    m_wYNull = m_wFrameHeight+1;//10
    m_Client.top = m_wYNull;//m_Client 代表 8*8 棋盘
    m_Client.left = m_wXNull;
    m_Client.bottom =m_wYNull + NUM * m_wStoneHeight;
    m_Client.right =m_wXNull + NUM * m_wStoneWidth;
    int i,j;
    for (i=0; i<NUM;++i)
        for (j=0; j<NUM; j++)
        kernel[i][j] = 0;     //0 代表无子
    num_black=0;
    num_white=0;
    m_PassedTime=0;
    m_PassedTime0=0;
    m_TimerOn=0;
    m_HintOnce=0;//0 for have not hinted yet,1 for have hinted
    m_PeekOnce=0;
    m_HintTime0=0;
    m_HintTime1=0;
    m_bGameOver=TRUE;
    return TRUE;  // return TRUE  unless you set the focus to a control
}//end OnInitDialog

void CBWChessDlg::OnPaint() //游戏启动时作的一些准备工作
{
    CPaintDC dc(this); // device context for painting
    CDC * pdc=GetDC();
    if (IsIconic())//如果窗口已最小化，画图标（意义不大）
    {
```

```
              SendMessage(WM_ICONERASEBKGND, (WPARAM) dc.GetSafeHdc(), 0);

              int cxIcon = GetSystemMetrics(SM_CXICON);//获取图标的大小，像素为单位
              int cyIcon = GetSystemMetrics(SM_CYICON);
              CRect rect;
              GetClientRect(&rect);//获得画图区，并画图于窗口中间
              int x = (rect.Width() - cxIcon + 1) / 2;
              int y = (rect.Height() - cyIcon + 1) / 2;
              // Draw the icon
              dc.DrawIcon(x, y, m_hIcon);//m_hIcon 代表图标
          }
          else//normal 大小
          {
              ShowNumber(1);//显示计数器控件
              DrawFrame(&dc);//显示棋盘边框
          BYTE t;
              if(!m_IsGameStart)//没开始
              {
                  for (int i=0; i<NUM; ++i)
                      for (int j=0; j<NUM; ++j)
                      {
                      t=(unsigned char)(kernel[i][j]-1);
                      if (kernel[i][j])//0 for none, 1 for white,2 for black,
                              PutStone(t, CPoint(j,i), &dc);//画棋盘 PutStone:画棋子
                      }
                  if(m_CurPt.x >=0)//m_CurPt.x/y 取 0~7
                  {
                      int nX = m_CurPt.x*m_wStoneWidth + m_wXNull;//计算棋子的位置(nx,ny)
                      int nY = m_CurPt.y*m_wStoneHeight + m_wYNull;
                      int byColor= kernel[m_CurPt.y][m_CurPt.x]-1;//棋子的颜色：白 黑
                      if (byColor == 0)//白
                          DrawBitmap(pdc,nX,nY,IDB_CURWHITE, SRCCOPY);
                      else if (byColor == 1)//黑
                          DrawBitmap(pdc,nX,nY,IDB_CURBLACK, SRCCOPY);
                  }    //此处画棋子
              }//end if(!m_IsGameStart)

              if(m_HintOnce)//0 for have not hinted yet,1 for have hinted : m_HintOnce
          代表是否提示
              {
                  COLORREF crColor = m_byColor ? RGB(255,255,255) : RGB(0,0,0);//确定
          颜色
                  CPen pen(PS_SOLID, 2, crColor);
                  CPen *pOldPen = dc.SelectObject(&pen);    //画提示符 "X"
                  dc.MoveTo(x1, y1);
                  dc.LineTo(x2, y1);
                  dc.LineTo(x2, y2);
                  dc.LineTo(x1, y2);
                  dc.LineTo(x1, y1);
                  dc.LineTo(x2, y2);
                  dc.MoveTo(x2, y1);
                  dc.LineTo(x1, y2);//x1,y1,x2,y2 的初值
```

```
                dc.SelectObject(pOldPen);
            }
        if(m_PeekOnce)//代表是否查看可下的位置，画可下的位置
        {
            int px,py;
            int xx1,yy1;
            int length,hy;

            if(m_byColor)//黑
                length=wsp.isempty();
            else//白
                length=bsp.isempty();
            if(length)
                return;

            do
            {
                if(m_byColor)//从栈里取可放子的格子
                    length=wsp.GetNextPos(&py,&px,&hy);//有效格子的个数
                else
                    length=bsp.GetNextPos(&py,&px,&hy);
                xx1 = px*m_wStoneWidth + m_wXNull;//-4 + m_cxGrid / 2;
                yy1 = py*m_wStoneHeight + m_wYNull;//-4 + m_cyGrid / 2;
                if(m_byColor)//显示可放子的格子（显示一个标志性的位图）
                    DrawBitmap(pdc,xx1,yy1,IDB_CANPLACE2, SRCCOPY);
                else
                    DrawBitmap(pdc,xx1,yy1,IDB_CANPLACE1, SRCCOPY);
            }while(length);

            if(m_byColor)
                wsp.CopyBackIndex ();
            else
                bsp.CopyBackIndex ();
        }
        Mutex1.Lock();//互斥，在"Globalvar0.h"里定义的变量
        if(g_nIsDemo && g_nMutex)
        {
            g_nMutex=0;
            m_Mutex.Unlock();//互斥，在"Globalvar0.h"里定义的变量
        }
        Mutex1.Unlock();
    }
    ReleaseDC(pdc);
}//end paint

HCURSOR CBWChessDlg::OnQueryDragIcon()//返回图标
{
    return (HCURSOR) m_hIcon;//返回图标
}


void CBWChessDlg::OnLButtonDown(UINT nFlag, CPoint point)//左击
{
```

```
                    if(!ready)// P 操作
                        return;


                    CPoint pt;
                    if(!IsInPanel(point) || m_bGameOver || g_nIsDemo)
                        return;//无效，返回


                    //此处为非网络模式
                    if (g_nRunMode != MODE_NETWORK&&PointToStonePos(point, pt))
                    {
                        int nX = pt.x;
                        int nY = pt.y;
                        if (kernel[nY][nX]==0)  //此处无子
                        {
                            if (g_nRunMode == MODE_WITH_COMPUTER)//模式是与计算机对弈
                            {
                                if ((g_bUserBlack && !m_byColor) ||
                                    (!g_bUserBlack && m_byColor)) //数据正确
                                {
                                    // User
                                    m_byColor = !m_byColor;  // 0-Black  1-White//设置当前棋手的
颜色，因为初值为黑色棋手
                                                           //但是 m_byColor==0，代表白色，所以要
先设成黑色
                                    //undo
                                    duplicate();//保存副本
                                    //end undo
                                    if(BtoW(nY,nX,m_byColor+1))//将棋盘上被夹住的子变色
                                    {
                                        m_HintOnce=0;
                                        m_PeekOnce=0;
                                        m_CurPt=pt;
                                        AddStringToList(nY,nX,m_byColor);//将信息加入列表框
                                        InvalidateRect(m_Client, FALSE);//刷新窗口
                                        UpdateWindow();//显示窗口
                                        PlaySounds(IDSOUND_PUTSTONE);
                                        Ring(IsEnd(!m_byColor+1));//根据棋盘的状态处理善后工作
                                        // -1 for both
            //棋盘的状态：   // 0 for the int have no position
                       //1 for the int have one position ,no use now
                     //return 2 for have more than one
             //函数原型: int CBWChessDlg::IsEnd(int whogo);
             //whogo : 1 代表黑色，2 代表白色
                                        // Computer
                                        if (!m_bGameOver && !m_Skip)
                                        {
                                            do
                                            {
                                                m_byColor = !m_byColor;        // 1-Black
0-White

                                                int ptBest_x,ptBest_y;
```

```
                              //undo
                              duplicate();//保存副本
                              //end undo
                              Place(&ptBest_x,&ptBest_y,m_byColor+1);//计算
机寻找最佳位置

                              //函数原型:void Place(int *x, int *y,int
color,int nSkill)

                              //color: 1 白 2 黑
                              BtoW(ptBest_x,ptBest_y,m_byColor+1);//将棋盘上
被夹住的子变色

                              CPoint pt;
                              pt.x = ptBest_y*m_wStoneWidth + m_wXNull + m_
wStoneWidth/2;

                              pt.y = ptBest_x*m_wStoneHeight + m_wYNull + m_
wStoneWidth/2;

                              m_CurPt.x=ptBest_y;
                              m_CurPt.y=ptBest_x;
                              ClientToScreen(&pt);
                              MoveCursor(pt.x, pt.y);//移动光标,此时 m_byColor
代表的是当前棋手的颜色

                              InvalidateRect(m_Client, FALSE);
                              UpdateWindow();//更新棋盘

        AddStringToList(ptBest_x,ptBest_y,m_byColor);//将信息加入列表框
                              PlaySounds(IDSOUND_PUTSTONE);
                              Ring(IsEnd(!m_byColor+1));//作善后处理,包括"游戏
结束或对手无子可走"
                          }while(m_Skip);//m_Skip==1 表示对手无子可走,由计算机继
续走
                      }

                  if(!m_bGameOver && g_bPeepOften)
                      OnCanplace();//继续搜索
              }
              else//没有夹住任何棋子,撤消已有的操作
              {
                  int temp[NUM*NUM];
                  m_UndoPoint.pop(temp);
                  m_byColor=!m_byColor;
                  PlaySounds(IDSOUND_ERROR);
              }

          }  // end if ((g_bUserBlack && !m_byColor) ||(!g_bUserBlack &&
m_byColor))

      }// end 模式是与计算机对弈
      else if (g_nRunMode == MODE_2PLAYER)// 人对人              // Users
      {
          m_byColor = !m_byColor;        // 1-Black  0-White, 由当前棋手的 ID
取得当前棋手的颜色,
                          //颜色与 ID 正好相反, 故取反
          duplicate();
```

```
                if(BtoW(nY,nX,m_byColor+1))//有棋子可变色
                {
                     m_HintOnce=0;//不提示
                     m_PeekOnce=0;//不查看
                     m_CurPt=pt;
                     AddStringToList(nY,nX,m_byColor);
                     InvalidateRect(m_Client,FALSE);
                     UpdateWindow();
                     PlaySounds(IDSOUND_PUTSTONE);
                     Ring(IsEnd(!m_byColor+1));
                     if(!m_bGameOver && g_bPeepOften)
                         OnCanplace();
                }
                else//没有夹住任何棋子，撤消已有的操作
                {
                     int temp[NUM*NUM];
                     m_UndoPoint.pop(temp);
                     m_byColor=!m_byColor;
                     PlaySounds(IDSOUND_ERROR);
                }
          }//end  人对人
          else ;//此情况非法

        }//end 此处无子

        else//有子
        PlaySounds(IDSOUND_ERROR);

}//end "if (PointToStonePos(point, pt))"
else if (!PointToStonePos(point, pt))//无子
     PlaySounds(IDSOUND_ERROR);
//此处为非网络模式

////模式是网络模式
if(Sever==0||Sever==1)//已联网
if (g_nRunMode == MODE_NETWORK&&PointToStonePos(point, pt))
{
     int nX = pt.x;
     int nY = pt.y;
     if (kernel[nY][nX]==0)  //此处无子
     {
             if ((g_bUserBlack && !m_byColor) || (!g_bUserBlack && m_byColor))
//数据正确
             {
                     m_byColor = !m_byColor;  // 0-Black  1-White//设置当前棋手的
颜色，因为初值为黑色棋手，
                                              //但是m_byColor==0，代表白色，所
以要先设成黑色

                     duplicate();//保存副本
                     if(BtoW(nY,nX,m_byColor+1))//将棋盘上被夹住的子变色
                     {
                         m_Mutex.Lock();
```

```
                                    m_HintOnce=0;
                                    m_PeekOnce=0;
                                    m_CurPt=pt;
                                    AddStringToList(nY,nX,m_byColor);//将信息加入列表框
                                    InvalidateRect(m_Client, FALSE);//刷新窗口
                                    UpdateWindow();//显示窗口
                                    PlaySounds(IDSOUND_PUTSTONE);
                                    Ring(IsEnd(!m_byColor+1));//根据棋盘的状态处理善后工作
                                    //正确调用
                                    if(!m_bGameOver && g_bPeepOften)//m_Skip 为 1, 显示自己的
位置，否则显示对方的位置

                                    OnCanplace();
                                    if(m_Skip==1)
                                     ready=true;
                                  else
                                     ready=false;
                                    if(m_bGameOver)
                                    ready=false;
                            if(m_bGameOver)
                            Senddata(nX,nY,CMD_OVER);//发数据给对方, V 操作
                                    if(m_Skip==1)
                            Senddata(nX,nY,CMD_SKIP);//发数据给对方, V 操作

                            Senddata(nX,nY,CMD_CLICK);//发数据给对方, V 操作
                                    m_Mutex.Unlock();

                             }//end if(BtoW(nY,nX,m_byColor+1))
                             else//没有夹住任何棋子，撤消已有的操作
                             {
                                    int temp[NUM*NUM];
                                    m_UndoPoint.pop(temp);
                                    m_byColor=!m_byColor;
                                    PlaySounds(IDSOUND_ERROR);
                             }
                        }    // end if ((g_bUserBlack && !m_byColor) ||(!g_bUserBlack &&
m_byColor))

                    }

        }//此处为网络模式
        else if (!PointToStonePos(point, pt))//无子
            PlaySounds(IDSOUND_ERROR);//发出错误声音
        //以上为网络模式

        //将其他工作传给基类处理
        CDialog::OnLButtonDown(nFlag, point);
    }    //end  OnLButtonDown

    int CBWChessDlg::Distance(const CPoint &pt1, const CPoint &pt2)//计算两点间的距离
    {
        return  (int)sqrt((double)(pt1.x-pt2.x)*(pt1.x-pt2.x) + (double) (pt1.
y-pt2.y)*(pt1.y-pt2.y));
    }
```

```
BOOL CBWChessDlg::IsStonePoint(CPoint& ptStone)//检查是否在棋格内
{
    if (ptStone.x<0 || ptStone.x>=NUM || ptStone.y<0 || ptStone.y>=NUM)
    {//不合法，矫正到最边缘
        if (ptStone.x<0)
            ptStone.x = 0;
        else if (ptStone.x>=NUM)
            ptStone.x = NUM-1;
        if (ptStone.y<0)
            ptStone.y = 0;
        else if (ptStone.y>=NUM)
            ptStone.y = NUM-1;
        return FALSE;
    }
    return TRUE;
}

BOOL CBWChessDlg::PointToStonePos(const CPoint &pt, CPoint& ptStone)//将客户区坐
标转化为棋盘坐标
{
    int nPosX = (pt.x - m_wXNull-m_wStoneWidth/2)/m_wStoneWidth;//粗略计算棋盘坐
标，有误差
    int nPosY = (pt.y - m_wYNull-m_wStoneWidth/2)/m_wStoneHeight;
    CPoint pt0(nPosX * m_wStoneWidth + m_wXNull+m_wStoneWidth/2, nPos Y*m_
wStoneHeight+m_wYNull+m_wStoneWidth/2);
    CPoint pt1((nPosX+1) * m_wStoneWidth+m_wXNull+m_wStoneWidth/2, nPosY* m_
wStoneHeight+m_wYNull+m_wStoneWidth/2);
    CPoint pt2((nPosX+1) * m_wStoneWidth+m_wXNull+m_wStoneWidth/2, (nPosY+1)*m_
wStoneHeight+m_wYNull+m_wStoneWidth/2);
    CPoint pt3(nPosX * m_wStoneWidth+m_wXNull+m_wStoneWidth/2, (nPosY+1)*m_
wStoneHeight+m_wYNull+m_wStoneWidth/2);
    //4个参照点，选择误差最小的一点
    int nDis0 = Distance(pt, pt0);
    int nDis1 = Distance(pt, pt1);
    int nDis2 = Distance(pt, pt2);
    int nDis3 = Distance(pt, pt3);
    int nLimit = m_wStoneWidth/2-4;
    if (nDis0 <= nLimit)
        ptStone = CPoint(nPosX, nPosY);
    else if (nDis1 <= nLimit)
        ptStone = CPoint(nPosX+1, nPosY);
    else if (nDis2 <= nLimit)
        ptStone = CPoint(nPosX+1, nPosY+1);
    else if (nDis3 <= nLimit)
        ptStone = CPoint(nPosX, nPosY+1);
    else//不在棋盘内
    {
        int nMin1 = min(nDis0, nDis1);
        int nMin2 = min(nDis2, nDis3);
        int nMin = min(nMin1, nMin2);

        if (nMin == nDis0)
```

```
                ptStone = CPoint(nPosX, nPosY);
          else if (nMin == nDis1)
                ptStone = CPoint(nPosX+1, nPosY);
          else if (nMin == nDis2)
                ptStone = CPoint(nPosX+1, nPosY+1);
          else if (nMin == nDis3)
                ptStone = CPoint(nPosX, nPosY+1);

          IsStonePoint(ptStone);//矫正到棋盘上
          return FALSE;
     }
     return IsStonePoint(ptStone);
}

void CBWChessDlg::Ring(int m_nType)//处理走完一步棋之后的善后处理
{
     Calcu_BW();
     ShowNumber();
     m_Skip=0;//only when m_nType==0,then m_Skip==1;
               //other m_Skip==0;
     switch(m_nType)
     {
     case -1://游戏结束
          {
               int win=0;
               int addp=0;
               m_bGameOver = TRUE;
               if(m_TimerOn)
               {
                    KillTimer(PASSEDTIME);
                    m_TimerOn=0;
               }
               m_pMenu->EnableMenuItem(IDM_HINT,MF_GRAYED);
               m_pMenu->EnableMenuItem(IDM_UNDO,MF_GRAYED);
               m_pMenu->EnableMenuItem(IDM_CANPLACE,MF_GRAYED);
               m_pMenu->EnableMenuItem(IDM_SAVEINFO,MF_ENABLED);
               m_pMenu->EnableMenuItem(IDM_REPLAY,MF_ENABLED);
               CString str1,str2, str3,strPrompt;
               TCHAR str[64];

               str2.LoadString(IDS_TITLE_CHINESE);//"黑白棋"

               if(g_nRunMode == MODE_2PLAYER)//两人对战
               {
                    if(num_white<num_black)
                    {
                         addp=2;
                         str1.LoadString(IDS_BLACKWIN_CHINESE);//"本局黑棋胜。"
                    }
                    else if(num_white>num_black)
                    {
                         addp=1;
                         str1.LoadString(IDS_WHITEWIN_CHINESE);//"本局白棋胜。"
```

```
                }
                else
                {
                    addp=3;
                    str1.LoadString(IDS_TIE_CHINESE);//"本局平手。\n 我们的水平不
分上下！"
                }
                str3.LoadString(IDS_END_CHINESE);//"黑棋%d 子，白棋%d 子。\n"

                wsprintf(str, str3.GetBuffer(256), num_black,num_white);
                strPrompt = str;
                strPrompt += str1;
            }
            else//人机对战
            {
                g_nStoneNum=abs(num_black-num_white);

        g_nBestMark=abs((num_white+num_black)*(num_white-num_black));//计算得分，公式是
|A*A-B*B|
                if(!(num_black && num_white))//吃光了，再加 800
                    g_nBestMark+=800;
                if(num_white>num_black)//白 胜
                    addp=1;
                if(num_white<num_black)//黑 胜
                    addp=2;
                if(num_white==num_black)//平局
                {
                    str1.LoadString(IDS_TIE_CHINESE);//"本局平手。\n 我们的水平不
分上下！"

                    win=1;
                    addp=3;
                }
                else    if((g_bUserBlack    &&    (num_white>num_black))    ||
((!g_bUserBlack) && (num_white<num_black)))
                {//人是输家
                    if(!num_white || !num_black)
                        str1.LoadString(IDS_COMPUTERWIN0_CHINESE);//"你的棋子被
我全吃掉了！\n 再去研究一下规则吧！"
                    else if(g_nStoneNum>=40)//"你真是太差了，我胜了%d 你手。\n 回去
多练几年吧！"
                        str1.LoadString(IDS_COMPUTERWIN1_CHINESE);
                    else//"我赢了。胜你%d 手。\n 你还不行，好好锻炼一下吧！"
                        str1.LoadString(IDS_COMPUTERWIN2_CHINESE);
                }
                else    if((g_bUserBlack    &&    (num_white<num_black))    ||
((!g_bUserBlack) && (num_white>num_black)))
                {//人是赢家
                    win=1;
                    if(!num_white || !num_black)//"你好厉害，居然把我的棋全吃掉了！
\n 佩服佩服！"
                        str1.LoadString(IDS_USERWIN0_CHINESE);
```

```
                         else if(g_nStoneNum<=6)//"恭喜，你获胜了。胜了我%d 手。\n 愿意再
较量一盘吗？"

                             str1.LoadString(IDS_USERWIN2_CHINESE);
                         else//"你才胜了我%d 手，我不服！\n 有种再下一盘！"
                             str1.LoadString(IDS_USERWIN1_CHINESE);
                 }
             if(num_white!=num_black)
             {
                 if(num_white && num_black)
                 {
                     wsprintf(str, str1.GetBuffer(256), g_nStoneNum);
                     strPrompt=str;
                 }
                 else
                     strPrompt=str1;
             }
             else
                 strPrompt=str1;//载入胜负信息
         }// end 人机对战

         AddStringToList(0,0,0,addp);//载入胜负信息与列表

         if(g_nRunMode == MODE_2PLAYER)//人人对战
             PlaySounds(IDSOUND_USERWIN);
         else//人机对战
             PlaySounds((win==0) ? IDSOUND_COMPUTERWIN : IDSOUND_USERWIN );

         MsgBox(strPrompt,str2);//弹出胜负的对话框

         BOOL bWinner = FALSE;
         if (g_nBestMark>g_nMark1)
         bWinner = TRUE;//打破了记录

         if (g_nRunMode == MODE_WITH_COMPUTER && bWinner &&
         (win==1))//存储记录
         {
         CRecordDlg recordDlg;
//           int result=
             recordDlg.DoModal();
//           if(result==IDOK)
//               OnBest();
         }
     }
     break;

     case 0://表示某一方不能下，m_Skip==1;由另外一方（m_byColor 方：1 黑，0 白）继续下
     {
         CString str3,str2;
         if(g_nRunMode == MODE_WITH_COMPUTER)//人机对战
         {
             if((g_bUserBlack && !m_byColor) || (!g_bUserBlack && m_byColor))
             //m_byColor 代表应下棋的颜色,当棋手的颜色与 m_byColor 不匹配时表示当前棋
手不能下
```

```
                              str3.LoadString(IDS_USER_NOPLACE_CHINESE);//"你无处可走,只能
让我走。"
                        elseif((g_bUserBlack&&m_byColor)||(!g_bUserBlack && !m_byColor))
                              str3.LoadString(IDS_COMPUTER_NOPLACE_CHINESE);//"我没法走
了,只能让你走了。"
                  }
                  if(g_nRunMode == MODE_2PLAYER)//人人
                  {
                        if(!m_byColor)//该白色下,则黑色不能下
                              str3.LoadString(IDS_BLACK_NOPLACE_CHINESE);//"黑棋无处可走。"
                        else//该黑色下
                              str3.LoadString(IDS_WHITE_NOPLACE_CHINESE);//"白棋无处可走"
                  }
                  str2.LoadString(IDS_TITLE_CHINESE);
                  MsgBox(str3,str2);
                  //important type
                  m_Skip=1;
                  //
                  m_byColor=!m_byColor;//由于:OnLButtonDown(UINT nFlag, CPoint point)
每次在走棋之前,都会反色
                        //因此在此处先反色,确保走棋的正确

            }
            break;
      }
}
void CBWChessDlg::OnNew()//响应"新棋盘"菜单命令
{
      int HaveKilled=0;
      if(m_TimerOn)//停止计时
      {
            HaveKilled=1;
            KillTimer(PASSEDTIME);
            m_TimerOn=0;
      }

      //备份数据
      int a=m_bGameOver;
      int b=g_nRunMode;

      CSetupDlg setupDlg;//创建设置对话框
      if (setupDlg.DoModal()==IDCANCEL)//取消了
      {
            if(HaveKilled)//恢复计时
            {
                  SetTimer(PASSEDTIME,1000,NULL);
                  m_TimerOn=1;
            }
            return;
      }

      if(!a&&b==MODE_NETWORK)//当前游戏没有结束
      {
```

```
        Senddata(0,0,CMD_RESIGN);
        m_bGameOver=TRUE;
    }


    CString str;
//对相关参数进行初始化
    if(g_nRunMode==MODE_WITH_COMPUTER)//人机 0
    {
        if (g_nRunMode==MODE_WITH_COMPUTER && !g_bUserBlack)
        {
        str.LoadString(IDS_SINGLE_COMPUTER_CHINESE);//IDS_TITLE_CHINESE："黑白棋"
         SetWindowText(str);//设置标题
        }
        else
        {

        str.LoadString(IDS_SINGLE_USER_CHINESE);//IDS_TITLE_CHINESE："黑白棋"
        SetWindowText(str);//设置标题
        }
        ready=1;
    }

if(g_nRunMode==MODE_2PLAYER)//人人 1
    {
        if(g_nIsNoTimeLimit)
        {
            str.LoadString(IDS_DOUBLE_NOLIMIT_CHINESE);//IDS_TITLE_CHINESE："黑白棋"
            SetWindowText(str);//设置标题
        }
        else
        {
            str.LoadString(IDS_DOUBLE_LIMIT_CHINESE);//IDS_TITLE_CHINESE："黑白棋"
            SetWindowText(str);//设置标题
        }
        ready=1;
    }
if(g_nRunMode==MODE_NETWORK)//网络 2
    {
        if(Sever==2)//非网络模式
        {
            str.LoadString(IDS_NONETWORK);//IDS_TITLE_CHINESE："黑白棋"
            SetWindowText(str);//设置标题
            AfxMessageBox("请先连上网络");
             return;
        }
        else if(Sever==1)
        {
            str.LoadString(IDS_SERVER);//IDS_TITLE_CHINESE："黑白棋"
            SetWindowText(str);//设置标题
            g_bUserBlack = TRUE;//先手
            g_nSkill = 1;//棋力
            g_nTimeLimit=60;//允许等待的最大时间 from 60 to 9 000,单位 s
```

```
                g_nIsNoTimeLimit=1;//限时
                 ready=1;
              }
          else if(Sever==0)
            {
              str.LoadString(IDS_CLIENT);//IDS_TITLE_CHINESE: "黑白棋"
              SetWindowText(str);//设置标题
               g_bUserBlack = FALSE;//先手
               g_nSkill = 1;//棋力
               g_nTimeLimit=60;//允许等待的最大时间 from 60 to 9 000,单位s
             g_nIsNoTimeLimit=0;//限时
                 ready=0;
            }
          else
            {
               AfxMessageBox("未知错误!");
               return;
            }
        }
    //以下部分是重新初始化
       InitParams();
       Invalidate();
       UpdateWindow();
       ShowNumber(1);
       SetChessTitle();
    //设置菜单
       m_pMenu->EnableMenuItem(IDM_HINT,MF_ENABLED);
       m_pMenu->EnableMenuItem(IDM_UNDO,MF_ENABLED);
       m_pMenu->EnableMenuItem(IDM_CANPLACE,MF_ENABLED);
       m_pMenu->EnableMenuItem(IDM_SAVE,MF_ENABLED);
       m_pMenu->EnableMenuItem(IDM_SAVEINFO,MF_GRAYED);
       m_pMenu->EnableMenuItem(IDM_REPLAY,MF_GRAYED);
       PlaySounds(IDSOUND_NEWGAME);
       UpdateWindow();
       SetWindowText(str);
       if (g_nRunMode==MODE_WITH_COMPUTER && !g_bUserBlack)//人机对战，机先走
       {// Computer first, SO Computer is black!!
           CPoint pt;
           m_byColor = !m_byColor;                // 1-Black  0-White，将前一对手的颜色变成
当前对手的颜色
           int ptBest_x,ptBest_y;
           IsEnd(m_byColor+1);//是否结束
           Place(&ptBest_x,&ptBest_y,m_byColor+1);
           BtoW(ptBest_x,ptBest_y,m_byColor+1);
           AddStringToList(ptBest_x,ptBest_y,m_byColor);
           pt.x = ptBest_y*m_wStoneWidth + m_wXNull+m_wStoneWidth/2;
           pt.y = ptBest_x*m_wStoneHeight + m_wYNull+m_wStoneWidth/2;
           m_CurPt.x=ptBest_y;
           m_CurPt.y=ptBest_x;
           ClientToScreen(&pt);
           SetCursorPos(pt.x, pt.y);
```

```
            InvalidateRect(m_Client, FALSE);
            UpdateWindow();
            PlaySounds(IDSOUND_PUTSTONE);
        }

        Ring(IsEnd(!m_byColor+1));
        if(!m_bGameOver && g_bPeepOften)
            OnCanplace();//显示位置

        SetTimer(PASSEDTIME,1000,NULL);
        m_TimerOn=1;
        m_nIsContinueReplay=1;
}

void CBWChessDlg::OnAbout()
{
    CAboutDlg aboutDlg(this);
    aboutDlg.DoModal();//响应"关于黑白棋"菜单
}

void CBWChessDlg::OnExit()//关闭程序
{
    if(m_TimerOn)
        KillTimer(PASSEDTIME);
    if(g_nIsDemo)
        ::TerminateThread(m_CcThread->m_hThread,0);

    CDialog::EndDialog(0);
}

void CBWChessDlg::PutStone(BYTE byColor, const CPoint &point, CDC *pDC)//填充棋格
{
    int nX = point.x*m_wStoneWidth + m_wXNull;
    int nY = point.y*m_wStoneHeight + m_wYNull;
    if (byColor == 0)// 0:  WHITE 1 :BLACK
        DrawBitmap(pDC,nX,nY,IDB_WHITE, SRCCOPY);
    else if (byColor == 1)
        DrawBitmap(pDC,nX,nY,IDB_BLACK, SRCCOPY);
}

BOOL CBWChessDlg::OnSetCursor(CWnd* pWnd, UINT nHitTest, UINT message)
{//响应光标事件
    CPoint point, pt;
    ::GetCursorPos(&point);
    ScreenToClient(&point);
    if (PointToStonePos(point, pt) && !m_bGameOver && !g_nIsDemo)
    {
        //在棋盘内，显示 IDC_WHITE_HAND:IDC_BLACK_HAND 型光标
                        // 0:  WHITE 1 : BLACK,m_byColor 代表前一个棋手的颜色，
即还没有更新
        ::SetCursor(AfxGetApp()->LoadCursor(m_byColor ? IDC_WHITE_HAND: IDC_
BLACK_HAND));
        return TRUE;
    }
    // 其他作默认处理
```

```
        return CDialog::OnSetCursor(pWnd, nHitTest, message);
}

void CBWChessDlg::OnSysCommand(UINT nID, LPARAM lParam)
{
    if(nID == SC_CLOSE)
        OnExit();

    CDialog::OnSysCommand(nID, lParam);
}

void CBWChessDlg::OnContextMenu(CWnd* pWnd, CPoint point) //弹出菜单
{
    CRect rect;
    GetClientRect(&rect);
    CPoint pt=point;
    ScreenToClient(&pt);
    if(!rect.PtInRect (pt))//不在棋盘内
    {
        CDialog::OnContextMenu (pWnd,point);
        return;
    }
    if(g_nIsDemo)//正在演示（不会用到，因为此时互斥！）
        return;
    CMenu menu;
    menu.LoadMenu(IDR_MENU_CONTEXT_CHINESE);//载入菜单

    if(m_bGameOver)
    {
        menu.EnableMenuItem(IDM_UNDO, MF_GRAYED);
        menu.EnableMenuItem(IDM_HINT, MF_GRAYED);
        menu.EnableMenuItem(IDM_CANPLACE, MF_GRAYED);
        menu.EnableMenuItem(IDM_SAVEINFO,MF_ENABLED);
        menu.EnableMenuItem(IDM_REPLAY,MF_ENABLED);
    }
    if(!m_bGameOver)
    {
        menu.EnableMenuItem(IDM_SAVEINFO,MF_GRAYED);
        menu.EnableMenuItem(IDM_REPLAY,MF_GRAYED);
    }
    if(m_IsGameStart)
        menu.EnableMenuItem(IDM_SAVE, MF_GRAYED);

    menu.GetSubMenu(0)->TrackPopupMenu(TPM_LEFTALIGN|TPM_LEFTBUTTON|TPM_RIGHTBUTTON,
                                       point.x, point.y, this);//弹出菜单

}
/////////////////////////// End of BWCHESS.CPP ///////////////////////////////

int CBWChessDlg::BtoW(int x1, int y1, int flag)//翻转棋子
{ //x1 纵坐标  y1 横坐标
    int yes;//if yes ==0 then there is no position to change
            //if yes==1 then there is any position to change
    int temp=flag;
    int x=0,y=0,i=0,j=0;
```

```
int result=0;//result==0 indicate that x1,y1 is the wrong position
                //result==1 indicate that they are legal position
if(x1<0 || x1>=NUM || y1<0 || y1>=NUM)//棋子的位置在棋盘外面
    return 0;
//横向--当前向左
x=x1;
//y==0;
yes=0;
//   kernel[NUM][NUM]   :    0 for none,1 for white,2 for black
for(i=y1-1;i>=0;i--)
{
    if(kernel[x][i]==0)
    {
        yes=0;
        break;
    }
    else if(kernel[x][i]==temp)
        break;
    else
        yes=1;
}
if((i!=0-1) && (yes==1))
{
    for(i++;i<y1;i++)
    {//   kernel[NUM][NUM]   :    0 for none,1 for white,2 for black
        kernel[x][i]=temp;//temp 代表当前棋手的颜色，将棋子翻成自己的颜色
        result=1;
    }
}
//横向--当前向右
//x==x1;
//y==NUM;
yes=0;
for(i=y1+1;i<NUM;i++)
{
    if(kernel[x][i]==0)
    {
        yes=0;
        break;
    }
    else if(kernel[x][i]==temp)
        break;
    else
        yes=1;
}
if((i!=NUM) && (yes==1))
{
    for(i--;i>y1;i--)
    {//   kernel[NUM][NUM]   :    0 for none,1 for white,2 for black
        kernel[x][i]=temp;
        result=1;
```

```
        }
    }
    //竖向--向上
    //x==0;
    y=y1;
    yes=0;
    for(i=x1-1;i>=0;i--)
    {
        if(kernel[i][y]==0)
        {
            yes=0;
            break;
        }
        else if(kernel[i][y]==temp)
            break;
        else
            yes=1;
    }
    if((i!=0-1) && (yes==1))
    {
        for(i++;i<x1;i++)
        {//    kernel[NUM][NUM]    :    0 for none,1 for white,2 for black
            kernel[i][y]=temp;
            result=1;
        }
    }
    //竖向--向下
    //x==NUM;
    //y==y1;
    yes=0;
    for(i=x1+1;i<NUM;i++)
    {
        if(kernel[i][y]==0)
        {
            yes=0;
            break;
        }
        else if(kernel[i][y]==temp)
            break;
        else
            yes=1;
    }
    if((i!=NUM) && (yes==1))
    {
        for(i--;i>x1;i--)
        {
            kernel[i][y]=temp;
            result=1;
        }
    }
    //斜向左上
```

```
    //x==0;
    //y==y1;
    yes=0;
    for(i=x1-1,j=y1-1;(i>=0)&&(j>=0);i--,j--)
    {
        if(kernel[i][j]==0)
        {
            yes=0;
            break;
        }
        else if(kernel[i][j]==temp)
            break;
        else
            yes=1;
    }

    if((i!=0-1) && (j!=-1) && (yes==1))
    {
        for(i++,j++;i<x1;i++,j++)
        {
            kernel[i][j]=temp;
            result=1;
        }
    }
}
//斜向右上
yes=0;

for(i=x1-1,j=y1+1;(i>=0)&&(j<NUM);i--,j++)
{
    if(kernel[i][j]==0)
    {
        yes=0;
        break;
    }
    else if(kernel[i][j]==temp)
        break;
    else
        yes=1;
}

if((i!=0-1) && (j!=NUM) && (yes==1))
{
    for(i++,j--;i<x1;i++,j--)
    {
        kernel[i][j]=temp;
        result=1;
    }
}
//斜向左下
yes=0;

for(i=x1+1,j=y1-1;(i<NUM)&&(j>=0);i++,j--)
{
```

```
        if(kernel[i][j]==0)
        {
            yes=0;
            break;
        }
        else if(kernel[i][j]==temp)
            break;
        else
            yes=1;
    }
    if((i!=NUM) && (j!=-1) && (yes==1))
    {
        for(i--,j++;i>x1;i--,j++)
        {
            kernel[i][j]=temp;
            result=1;
        }
    }
    //斜向右下
    yes=0;
    for(i=x1+1,j=y1+1;(i<NUM)&&(j<NUM);i++,j++)
    {
        if(kernel[i][j]==0)
        {
            yes=0;//无改动
            break;
        }
        else if(kernel[i][j]==temp)
            break;
        else
            yes=1;//有改动
    }
    if((i!=NUM) && (j!=NUM) && (yes==1))
    {
        for(i--,j--;i>x1;i--,j--)
        {
            kernel[i][j]=temp;
            result=1;
        }
    }
    if(result==1)
        kernel[x1][y1]=temp;
    return result;//返回状态 1: OK, 0: ERROR
}
int CBWChessDlg::IsEnd(/*int *x1, int *y1, */int whogo)
{//whogo: 1代表黑色, 2代表白色
    int i,j;//行列坐标
    int x,y;
    int wn=0,bn=0; //wn: 代表白色可放棋子的个数, bn: 代表黑色可放棋子的个数（本函数的功能1）
```

```
int btp_x=-7,btp_y=-7,wtp_x=-7,wtp_y=-7;
int temp,temp2;

if(!wsp.isempty())
    wsp.destroy();//先清空，再存储新的可下子的位置（本函数的功能 2）

if(!bsp.isempty())
    bsp.destroy();
for(i=0;i<NUM;i++)
    for(j=0;j<NUM;j++)
    {
        if(kernel[i][j]==0)
        {
            //水平向左
            if(Check(i,j-1) && Check(i,j-2))//没有越界且此位置有棋子
            {
                x=i,y=j;
                temp=kernel[x][y-1];
                for(y-=2;y>=0;y--)
                {
                    temp2=kernel[x][y];
                    if(temp2==0)
                        break;
                    if(temp2!=temp)
                    {
                        if(temp2==1)
                        {
                            if(wtp_x!=i || wtp_y!=j)
                            {
                                wtp_x=i,wtp_y=j;
                                wn++;
                                wsp.push (i,j);//白色可放子的位置
                            }
                        }
                        else
                        {
                            if(btp_x!=i || btp_y!=j)
                            {
                                btp_x=i,btp_y=j;
                                bn++;
                                bsp.push (i,j);//黑色可放子的位置
                            }
                        }
                        break;
                    }
                }
            }
            //水平向右
            if(Check(i,j+1) && Check(i,j+2))
            {
                x=i,y=j;
```

```
                temp=kernel[x][y+1];
                for(y+=2;y<NUM;y++)
                {
                    temp2=kernel[x][y];
                    if(temp2==0)
                        break;
                    if(temp2!=temp)
                    {
                        if(temp2==1)
                        {
                            if(wtp_x!=i || wtp_y!=j)
                            {
                                wtp_x=i,wtp_y=j;
                                wn++;
                                wsp.push (i,j);
                            }
                        }
                        else
                        {
                            if(btp_x!=i || btp_y!=j)
                            {
                                btp_x=i,btp_y=j;
                                bn++;
                                bsp.push (i,j);
                            }
                        }
                        break;
                    }
                }
            }
            //垂直向上
            if(Check(i-1,j) && Check(i-2,j))
            {
                x=i,y=j;
                temp=kernel[x-1][y];
                for(x-=2;x>=0;x--)
                {
                    temp2=kernel[x][y];
                    if(temp2==0)
                        break;
                    if(temp2!=temp)
                    {
                        if(temp2==1)
                        {
                            if(wtp_x!=i || wtp_y!=j)
                            {
                                wtp_x=i,wtp_y=j;
                                wn++;
                                wsp.push (i,j);
                            }
                        }
```

```
            else
            {
                if(btp_x!=i || btp_y!=j)
                {
                    btp_x=i,btp_y=j;
                    bn++;
                    bsp.push (i,j);
                }
            }
            break;
        }
    }
}
//垂直向下
if(Check(i+1,j) && Check(i+2,j))
{
    x=i,y=j;
    temp=kernel[x+1][y];
    for(x+=2;x<NUM;x++)
    {
        temp2=kernel[x][y];
        if(temp2==0)
            break;
        if(temp2!=temp)
        {
            if(temp2==1)
            {
                if(wtp_x!=i || wtp_y!=j)
                {
                    wtp_x=i,wtp_y=j;
                    wn++;
                    wsp.push (i,j);
                }
            }
            else
            {
                if(btp_x!=i || btp_y!=j)
                {
                    btp_x=i,btp_y=j;
                    bn++;
                    bsp.push (i,j);
                }
            }
            break;
        }
    }
}

//斜向左上
if(Check(i-1,j-1) && Check(i-2,j-2))
{
```

```
            x=i,y=j;
            temp=kernel[x-1][y-1];
            for(x-=2,y-=2;(x>=0) && (y>=0);x--,y--)
            {
                temp2=kernel[x][y];
                if(temp2==0)
                    break;
                if(temp2!=temp)
                {
                    if(temp2==1)
                    {
                        if(wtp_x!=i || wtp_y!=j)
                        {
                            wtp_x=i,wtp_y=j;
                            wn++;
                            wsp.push (i,j);
                        }
                    }
                    else
                    {
                        if(btp_x!=i || btp_y!=j)
                        {
                            btp_x=i,btp_y=j;
                            bn++;
                            bsp.push (i,j);
                        }
                    }
                    break;
                }
            }
        }

        //斜向右上
        if(Check(i-1,j+1) && Check(i-2,j+2))
        {
            x=i,y=j;
            temp=kernel[x-1][y+1];
            for(x-=2,y+=2;(x>=0) && (y<NUM);x--,y++)
            {
                temp2=kernel[x][y];
                if(temp2==0)
                    break;
                if(temp2!=temp)
                {
                    if(temp2==1)
                    {
                        if(wtp_x!=i || wtp_y!=j)
                        {
                            wtp_x=i,wtp_y=j;
                            wn++;
                            wsp.push (i,j);
                        }
```

```
            }
            else
            {
                if(btp_x!=i || btp_y!=j)
                {
                    btp_x=i,btp_y=j;
                    bn++;
                    bsp.push (i,j);
                }
            }
            break;
        }
    }
}

//斜向左下
if(Check(i+1,j-1) && Check(i+2,j-2))
{
    x=i,y=j;
    temp=kernel[x+1][y-1];
    for(x+=2,y-=2;(x<NUM) && (y>=0);x++,y--)
    {
        temp2=kernel[x][y];
        if(temp2==0)
            break;
        if(temp2!=temp)
        {
            if(temp2==1)
            {
                if(wtp_x!=i || wtp_y!=j)
                {
                    wtp_x=i,wtp_y=j;
                    wn++;
                    wsp.push (i,j);
                }
            }
            else
            {
                if(btp_x!=i || btp_y!=j)
                {
                    btp_x=i,btp_y=j;
                    bn++;
                    bsp.push (i,j);
                }
            }
            break;
        }
    }
}

//斜向右下
if(Check(i+1,j+1) && Check(i+2,j+2))
```

```
            {
                x=i,y=j;
                temp=kernel[x+1][y+1];
                for(x+=2,y+=2;(x<NUM) && (y<NUM);x++,y++)
                {
                    temp2=kernel[x][y];
                    if(temp2==0)
                        break;
                    if(temp2!=temp)
                    {
                        if(temp2==1)
                        {
                            if(wtp_x!=i || wtp_y!=j)
                            {
                                wtp_x=i,wtp_y=j;
                                wn++;
                                wsp.push (i,j);
                            }
                        }
                        else
                        {
                            if(btp_x!=i || btp_y!=j)
                            {
                                btp_x=i,btp_y=j;
                                bn++;
                                bsp.push (i,j);
                            }
                        }
                        break;
                    }
                }
            }
        }//end if
    }//end second for
if((bn==0) && (wn==0))
    return -1;//return -1 for both
if((bn>=2) && (wn>=2))
    return 2;///return 2 for have more than one
switch(whogo)
{
//whogo: 1 代表黑色，2 代表白色
case 1://代表黑色
    if(wn==0)
    return 0;//return 0 for the int have no position
    break;
    case 2://2 代表白色
    if(bn==0)
    return 0;//return 0 for the int have no position
    break;
}
return 2;//return 2 for have more than one
```

```
    }

    int CBWChessDlg::Check(int x, int y)
    {
        if(x<0 || x>=NUM || y<0 || y>=NUM)
            return 0;//越界为 0
        if(kernel[x][y]==0)
            return 0;//无子为 0
        return 1;

    }

    int CBWChessDlg::Walk1(int *x1, int *y1, int flag)//寻找最佳位置给（x1，x2）
    {
        int fv=flag;//棋子颜色 2 黑 1 白
        int k,n;
            if(fv==1)//1：白色
                n=wsp.Len();
            else// 2：黑色
                n=bsp.Len();
         srand( (unsigned)time( NULL ) );
            k=rand()%n+1;

        //算法开始，本算法采用随机法
        for(n=1;n<=k;n++)
        {
            if(fv==1)//1：白色
                wsp.pop(x1,y1);
            else// 2：黑色
                bsp.pop(x1,y1);
            //i,j 是可以放棋子的坐标
        }
        if(fv==1)//1：白色
            wsp. destroy();
            else// 2：黑色
            bsp. destroy();
        return 0;
    }


void CBWChessDlg::Calcu_BW()//棋子计数
{
    int nw=0,nb=0;
    int i,j;
    for(i=0;i<NUM;i++)
        for(j=0;j<NUM;j++)
            if(kernel[i][j]==1)
                nw++;
            else if(kernel[i][j]==2)
                nb++;

    num_black=nb;
    num_white=nw;
}
```

```
int CBWChessDlg::IsInPanel(CPoint &pt)//判断是否在棋盘上
{
    if(pt.x<=m_wXNull || pt.x>=(m_wXNull + NUM*m_wStoneWidth))
        return 0;
    if(pt.y<=m_wYNull || pt.y>=(m_wYNull + NUM*m_wStoneHeight))
        return 0;
    return 1;
}
void CBWChessDlg::ShowNumber(int isTime)//刷新  时间和棋子的个数
{
    BCount.SetNumber(num_black);
    WCount.SetNumber(num_white);
    if(isTime)
    {
        TimeCount.SetNumber(m_PassedTime);
        TimeCount0.SetNumber(m_PassedTime0);
    }
}
void CBWChessDlg::OnTimer(UINT nIDEvent) //计时
{
    if(nIDEvent==PASSEDTIME)//尚未更新
    {
        if(!m_byColor)//白色
            m_PassedTime++;
        else//黑色
            m_PassedTime0++;
        ShowNumber(1);//"1"代表时间也要刷新
        if(g_nRunMode == MODE_2PLAYER && !g_nIsNoTimeLimit)//人对人，限时
        {
            if((m_PassedTime>=g_nTimeLimit) || (m_PassedTime0>=g_nTimeLimit))
            {//超时!! 游戏结束
                m_bGameOver=TRUE;
                if(m_TimerOn)
                {
                    KillTimer(PASSEDTIME);
                    m_TimerOn=0;
                }
                m_pMenu->EnableMenuItem(IDM_HINT,MF_GRAYED);
                m_pMenu->EnableMenuItem(IDM_UNDO,MF_GRAYED);
                m_pMenu->EnableMenuItem(IDM_CANPLACE,MF_GRAYED);
                AddStringToList(0,0,0,(m_PassedTime>=g_nTimeLimit)? 1 : 2);
                PlaySounds(IDSOUND_USERWIN);
                //弹出游戏结束的对话框
                MsgBox((m_PassedTime>=g_nTimeLimit)? IDS_BLACK_LIMIT : IDS_
WHITE_LIMIT ,IDS_TITLE_CHINESE);
            }
        }
    }
    CDialog::OnTimer(nIDEvent);
}
```

```
void CBWChessDlg::OnUndo()
{
    if(g_nRunMode==MODE_NETWORK)//网络 2
    {
        AfxMessageBox("你不能作弊!");
        return;
    }


    m_PeekOnce=0;
    if(m_UndoPoint.IsEmpty())//已为空,m_UndoPoint 的类名是 Cundo
    {
        PlaySounds(IDSOUND_ERROR);
        MsgBox(IDS_CANNOT_UNDO1_CHINESE, IDS_TITLE_CHINESE);//弹出无法悔棋的对话框
        return;
    }
    if (m_bGameOver)
        return;

    int c1,c2,i,j,k=0;
    c1=m_UndoPoint.GetTopColor();//获取颜色
    int temp[NUM*NUM];
    m_UndoPoint.pop(temp);//获取棋盘
    RemoveStringFromList();
    if(g_nRunMode == MODE_WITH_COMPUTER)//人机对战
    {
        if(c1==m_byColor)
        {
            while(!m_UndoPoint.IsEmpty())
            {
                c2=m_UndoPoint.GetTopColor();
                RemoveStringFromList();
                if(c1!=c2)
                {
                    m_UndoPoint.pop(temp);
                    break;
                }
                else
                {
                    int again_pop[NUM*NUM];
                    m_UndoPoint.pop(again_pop);
                }
            }// end while
        }//end if
    }
    else
    {
        if(m_UndoPoint.IsEmpty())
        {
            if(g_bUserBlack)
                m_byColor=0;
            else
```

```
                        m_byColor=1;
            }
            else
            {
                m_byColor=m_UndoPoint.GetTopColor ();
            }
        }
    for(i=0;i<NUM;i++)
        for(j=0;j<NUM;j++)
        {
            kernel[i][j]=temp[k];
            k++;
        }

    IsEnd(!m_byColor+1);
    if(!m_bGameOver && g_bPeepOften)
        OnCanplace();
    m_HintOnce=0;
    Calcu_BW();
    ShowNumber();
    PlaySounds(IDSOUND_UNDO);
    InvalidateRect(m_Client, TRUE);
    UpdateWindow();
}
void CBWChessDlg::duplicate()//保存当前棋盘和当前颜色，为悔棋作准备
{
    int temp[NUM*NUM];
    int i,j,k=0;
    for(i=0;i<NUM;i++)
        for(j=0;j<NUM;j++)
            temp[k++]=kernel[i][j];
    m_UndoPoint.push(temp,m_byColor);
}

void CBWChessDlg::Place(int *x, int *y,int color)
{//获取最佳位置
    int mx=0,my=0;
    Walk1(&mx,&my,color);
    *x=mx;
    *y=my;
}

void CBWChessDlg::OnBest() //显示英雄榜
{
    CBestDlg bestDlg;
    bestDlg.DoModal();
}

void CBWChessDlg::OnHint() // 响应"提示"
{
    const int HINTSIZE=7;
    if (m_bGameOver)
```

```
                return;
        if(m_HintOnce)
                return;
        if(g_nRunMode == MODE_2PLAYER)//人对人
        {
                if(((m_HintTime0>=g_nCanHintTimeW) && m_byColor) ||
                   ((m_HintTime1>=g_nCanHintTimeB) && !m_byColor))
                {
                        CString str1,str2;
                        TCHAR s[200];
                        str1.LoadString(IDS_MORETHANTHREE_CHINESE);//代表"我已提示了你%d 次,
不能再提示了！"
                        str2.LoadString(IDS_TITLE_CHINESE);//代表"黑白棋"
                        if(m_HintTime0>=g_nCanHintTimeW)
                                wsprintf(s,str1.GetBuffer(256),g_nCanHintTimeW);
                        else
                                wsprintf(s,str1.GetBuffer(256),g_nCanHintTimeB);
                        CString str(s);
                        MsgBox(str,str2);//给出对话框
                        return;// 退出提示
                }
                if(m_byColor)//次数累加
                        m_HintTime0++;
                else
                        m_HintTime1++;
        }
        else // 人对机
        {
                if(m_HintTime0>=g_nCanHintTimeW || m_HintTime1>=g_nCanHintTimeB)//0 白 1 黑
                {
                        CString str1,str2;
                        TCHAR s[200];
                        str1.LoadString(IDS_MORETHANTHREE_CHINESE);
                        str2.LoadString(IDS_TITLE_CHINESE);
                        if(m_HintTime0>=g_nCanHintTimeW)
                                wsprintf(s,str1.GetBuffer(256),g_nCanHintTimeW);
                        else
                                wsprintf(s,str1.GetBuffer(256),g_nCanHintTimeB);
                        CString str(s);
                        MsgBox(str,str2);
                        return;
                }
                else
                {
                        if(m_byColor)
                                m_HintTime0++;
                        else
                                m_HintTime1++;
                }
        }
        int px,py;
```

```
        Walk1(&py,&px,!m_byColor+1);//寻找最佳点
        x1 = px*m_wStoneWidth + m_wXNull-HINTSIZE + m_wStoneWidth / 2;
        y1 = py*m_wStoneHeight + m_wYNull-HINTSIZE + m_wStoneHeight / 2;
        x2 = px*m_wStoneWidth + m_wXNull+HINTSIZE + m_wStoneWidth / 2;
        y2 = py*m_wStoneHeight + m_wYNull+HINTSIZE + m_wStoneHeight / 2;
        //矩形: (x1,y1,x2,y2)
        CClientDC dc(this);//画 "×"
        COLORREF crColor = m_byColor ? RGB(255,255,255) : RGB(0,0,0);//1 画 白
        CPen pen(PS_SOLID, 2, crColor);
        CPen *pOldPen = dc.SelectObject(&pen);
        dc.MoveTo(x1, y1);
        dc.LineTo(x2, y1);
        dc.LineTo(x2, y2);
        dc.LineTo(x1, y2);
        dc.LineTo(x1, y1);
        dc.LineTo(x2, y2);
        dc.MoveTo(x2, y1);
        dc.LineTo(x1, y2);
        dc.SelectObject(pOldPen);
        m_HintOnce=1;
    }

    void CBWChessDlg::MoveCursor(int x, int y)
    {//从当前(m,n)位置向（x,y）走，x,y 是以像素为单位的，所使用的平面是窗口平面
        //每次移动鼠标之前，系统都会根据 m_byColor 的值载入光标，0 载入黑手，1 载入白手，之所以
相反（0 白 1 黑），是因为系统载入光标时，用户还没有点击棋盘，m_byColor 代表的前一个棋手的颜色。
        //但是本函数在调用时，m_byColor 代表的是当前棋手的颜色
        //轮流到计算机下棋时，在计算机下棋之前，由于计算机不移动鼠标，也不敲击键盘，因此光标不会更新，
        //仍使用前一个棋手的光标，故在此处必须修正
        m_byColor=!m_byColor;
        ::SetCursor(AfxGetApp()->LoadCursor(m_byColor ? IDC_WHITE_HAND: IDC_ BLACK
HAND));//修正部分
        m_byColor=!m_byColor;
        if(!g_bMovePlace)
        {
            return;
        }
        CPoint pt;
        GetCursorPos(&pt);
        int m,n;
        int sleep_interval=2;
        m=pt.x ;
        n=pt.y ;
        if(m >x)
        {
            while(m>x)//向左走
            {
                m-=g_nMoveSpeeds;
                Sleep(sleep_interval);
                SetCursorPos(m,n);
            }
        }
```

```
    else if(m<x)//向右走
    {
        while(m<x)
        {
            m+=g_nMoveSpeeds;
            Sleep(sleep_interval);
            SetCursorPos(m,n);
        }
    }

    if(n >y)
    {
        while(n>y)//向上走
        {
            n-=g_nMoveSpeeds;
            Sleep(sleep_interval);
            SetCursorPos(m,n);
        }
    }
    else if(n < y)//向下走
    {
        while(n < y)
        {
            n+=g_nMoveSpeeds;
            Sleep(sleep_interval);
            SetCursorPos(m,n);
        }
    }
}

void CBWChessDlg::OnCanplace()  //本函数计算当前棋手可下的位置，并标识出来（X）
{
    if (m_bGameOver)
        return;
    if(m_PeekOnce)
        return;
    int px,py;
    int xx1,yy1;
    int length,hy;
    //CClientDC dc(this);;
    CDC *dc=GetDC();
    if(m_byColor)//判断是否有位置可填
        length=wsp.isempty();
    else
        length=bsp.isempty();
    if(length)//无，结束
        return;
    do
    {
        if(m_byColor)
            length=wsp.GetNextPos(&py,&px,&hy);
        else
```

```
                    length=bsp.GetNextPos(&py, &px, &hy);
        xx1 = px*m_wStoneWidth + m_wXNull;//-4 + m_cxGrid / 2;
        yy1 = py*m_wStoneHeight + m_wYNull;//-4 + m_cyGrid / 2;
        if(m_byColor)
            DrawBitmap(dc,xx1,yy1,IDB_CANPLACE2, SRCCOPY);
        else
            DrawBitmap(dc,xx1,yy1,IDB_CANPLACE1, SRCCOPY);
    }while(length);
    if(m_byColor)
        wsp.CopyBackIndex();
    else
        bsp.CopyBackIndex();
    m_PeekOnce=1;
    ReleaseDC(dc);
}

void CBWChessDlg::OnSetting() //响应"设置"命令
{
    CSettingDlg dlg;
    dlg.DoModal ();//显示"设置"对话框
    if(g_bTopMost)
        SetWindowPos(&wndTopMost,0,0,0,0,SWP_NOMOVE | SWP_NOSIZE);
    else
        SetWindowPos(&wndNoTopMost,0,0,0,0,SWP_NOMOVE | SWP_NOSIZE);
}

void CBWChessDlg::OnOpen() //响应"OPEN"命令
{
    if(!m_bGameOver && g_bPrompt)
        if(MsgBox(IDS_ABORT,IDS_TITLE_CHINESE,2)==IDCANCEL)
            return ;

    TCHAR sFilter[50]="BWChess File (*.BWS)|*.BWS||";
    CFileDialog dlg(TRUE,NULL,NULL,OFN_HIDEREADONLY | OFN_OVERWRITEPROMPT,
                    sFilter);
    int result=dlg.DoModal();
    if(result==IDOK)
    {
        CFile file(dlg.GetPathName(), CFile::modeRead);
        int buffer[9000],len,t;
        unsigned int reallen=file.Read(buffer,9000*sizeof(int));
        if((reallen!=(buffer[0]*sizeof(int))) || (reallen<140))
        {
            MsgBox(IDS_OPENERROR1,IDS_TITLE_CHINESE);
            return;
        }
        if(buffer[1]!=EDITION)
        {
            MsgBox(IDS_OPENERROR2,IDS_TITLE_CHINESE);
            return;
        }
        if(buffer[2])
```

```
        {
            MsgBox(IDS_OPENERROR3,IDS_TITLE_CHINESE);
            return;
        }
    int i,j;
    len=buffer[0]/2-1;
    BOOL changeI=FALSE;
    for(t=0;t<len;t++)
    {
        if(buffer[t+3]!=buffer[3+len+t])
        {
            changeI=TRUE;
            break;
        }
    }
    if(changeI)
    {
        MsgBox(IDS_OPENERROR1,IDS_TITLE_CHINESE);
        return;
    }

    if(m_TimerOn)
    {
        KillTimer(PASSEDTIME);
        m_TimerOn=0;
    }
    m_bGameOver = FALSE;
    m_Skip=0;
    i=0;
    g_nStoneNum=0;
    m_HintOnce=0;//0 for have not hinted yet,1 for have hinted
    m_PeekOnce=g_bPeepOften;
    m_IsGameStart=0;
    ListInfo.destroy();
    m_ListInfo.ResetContent();
    if(!m_UndoPoint.IsEmpty())
        m_UndoPoint.Destroy();
    len=3;///important
    m_byColor=buffer[len++];
    g_nRunMode=buffer[len++];
    m_PassedTime=buffer[len++];
    m_PassedTime0=buffer[len++];
    g_nSkill=buffer[len++];
    g_bUserBlack=buffer[len++];
    m_HintTime0=buffer[len++];
    m_HintTime1=buffer[len++];
    g_nTimeLimit=buffer[len++];
    g_nIsNoTimeLimit=buffer[len++];
    len+=5;
    for(i=0;i<NUM;i++)
        for(j=0;j<NUM;j++)
            kernel[i][j]=buffer[len++];
```

```
            int x,y,num,tc;
            num=buffer[len++];
            while(num>0)
            {
                x=buffer[len++];
                y=buffer[len++];
                tc=buffer[len++];
                AddStringToList(x,y,tc);
                num--;
            }
            //read m_UndoPoint
            num=buffer[len++];
            while(num>0)
            {
                int temp[NUM*NUM];
                for(x=0;x<NUM*NUM;x++)
                    temp[x]=buffer[len++];
                tc=buffer[len++];
                m_UndoPoint.push(temp,tc);
                num--;
            }
            IsEnd(1);
            Calcu_BW();
            SetChessTitle();
            m_pMenu->EnableMenuItem(IDM_SAVEINFO,MF_GRAYED);
            m_pMenu->EnableMenuItem(IDM_SAVE,MF_ENABLED);
            m_pMenu->EnableMenuItem(IDM_HINT,MF_ENABLED);
            m_pMenu->EnableMenuItem(IDM_UNDO,MF_ENABLED);
            m_pMenu->EnableMenuItem(IDM_CANPLACE,MF_ENABLED);
            m_pMenu->EnableMenuItem(IDM_REPLAY,MF_GRAYED);
            InvalidateRect(NULL,TRUE);
            SetTimer(PASSEDTIME,1000,NULL);
            m_TimerOn=1;
        }
    }

void CBWChessDlg::OnSave() //响应"SAVE"命令
{
    TCHAR sFilter[50]=_T("BWChess File (*.BWS)|*.BWS||");
    TCHAR sExt[10]=_T("BWS");
    CFileDialog dlg(FALSE,sExt,NULL,OFN_HIDEREADONLY | OFN_OVERWRITEPROMPT,
                    sFilter);
    if(dlg.DoModal()==IDOK)
    {
        CFile file(dlg.GetPathName(),CFile::modeCreate | CFile::modeWrite);
        int buffer[9000],len=3;// the buffer need about 4000 size
        for(int ii=0;ii<2;ii++)//copy twice
        {
            buffer[len++]=m_byColor;
            buffer[len++]=g_nRunMode;
            buffer[len++]=m_PassedTime;
            buffer[len++]=m_PassedTime0;
```

```
buffer[len++]=g_nSkill;
buffer[len++]=g_bUserBlack;
buffer[len++]=m_HintTime0;
buffer[len++]=m_HintTime1;
buffer[len++]=g_nTimeLimit;
buffer[len++]=g_nIsNoTimeLimit;
//restore 5 position for future use
buffer[len++]=0;
buffer[len++]=0;
buffer[len++]=0;
buffer[len++]=0;
buffer[len++]=0;
int i,j;
for(i=0;i<NUM;i++)
    for(j=0;j<NUM;j++)
        buffer[len++]=kernel[i][j];
int num=ListInfo.Len();
buffer[len++]=num;
int x,y,tc;
int re;
stack ts;
do
{
    re=ListInfo.GetNextPos(&x,&y,&tc);
    ts.push(x,y);
    ts.SetMarks (tc);
}
while(re);
do
{
    re=ts.GetNextPos(&x,&y,&tc);
    buffer[len++]=x;
    buffer[len++]=y;
    buffer[len++]=tc;
}
while(re);
ListInfo.CopyBackIndex();
// store m_UndoPoint
int tlen=m_UndoPoint.Len();
buffer[len++]=tlen;
int tempUndo[NUM*NUM];
do
{
    re=m_UndoPoint.GetNextPos(tempUndo,&tc);
    for(x=0;x<NUM*NUM;x++)
        buffer[len++]=tempUndo[x];
    buffer[len++]=tc;
}
while(re);
m_UndoPoint.CopyBackIndex();
}
```

```
                buffer[0]=len;
                buffer[1]=EDITION;//this the edition of the banben
                buffer[2]=(int)m_bGameOver;
                file.Write(buffer,len*sizeof(int));
        }
    }

    void CBWChessDlg::AddStringToList(int x, int y, int color,int win)//加入信息于列
表框
    {
        CString str;
        int result=m_ListInfo.GetCount();
        if(!win)
        {
            if(color)
                str.LoadString(IDS_SBLACK);// "%2d.黑棋：  %c %d"
            else
                str.LoadString(IDS_SWHITE);
            TCHAR s[100];
            wsprintf(s, str.GetBuffer(256),result+1, y+65,x+1);
            m_ListInfo.AddString(s);
            ListInfo.push(x,y);
            ListInfo.SetMarks(color);
        }
        else
        {
            if(win==1)//白 win
                str.LoadString(IDS_WHITEWIN_CHINESE);
            else if(win==2)//黑 win
                str.LoadString(IDS_BLACKWIN_CHINESE);
            else//本局平局
                str.LoadString(IDS_TIE);
            m_ListInfo.AddString(str);
        }
        m_ListInfo.SetCurSel(result);//将当前新加入的显色（蓝色）
        m_ListInfo.SetFocus();
    }

    void CBWChessDlg::RemoveStringFromList()//于列表框删除信息
    {
        int index=m_ListInfo.GetCount();
        m_ListInfo.DeleteString(index-1);
        int x,y;
        ListInfo.pop(&x,&y);
        ListInfo.GetTop(x,y);
        m_CurPt.x =x,m_CurPt.y=y;
        index=m_ListInfo.GetCount();
        if(index)
        {
            m_ListInfo.SetCurSel(index-1);
            m_ListInfo.SetFocus();
        }
```

```
    }

    void CBWChessDlg::OnSaveinfo() //响应"导出走棋信息"
    {
        TCHAR sFilter[50]=_T("文本文件(*.TXT)|*.TXT||");
        TCHAR sExt[10]=_T("txt");
        CFileDialog dlg(FALSE,sExt,NULL,OFN_HIDEREADONLY | OFN_OVERWRITEPROMPT,
                        sFilter);
        if(dlg.DoModal()==IDOK)
        {
            CFile   file(dlg.GetPathName(),CFile::modeCreate | CFile::modeWrite |
    CFile::typeText);
            TCHAR buffer[300];
            int len=0,index=0;
            len=GetWindowText(buffer,300);
            buffer[len++]=13;
            buffer[len++]=10;
            file.Write(buffer,len);
            len=m_ListInfo.GetCount();
            while(index<len)
            {
                int slen=m_ListInfo.GetText(index++,buffer);
                buffer[slen]=13;
                buffer[slen+1]=10;
                file.Write(buffer,slen+2);
            }
        }
    }

    BOOL CBWChessDlg::PreTranslateMessage(MSG* pMsg) //检测加速键消息是否被处理了
    {//The TranslateAccelerator function processes accelerator keys for menu commands
        if(!::TranslateAccelerator(m_hWnd,hAccelerator,   pMsg))
            return CDialog::PreTranslateMessage(pMsg);
        return TRUE;
    }


    void CBWChessDlg::SetChessTitle()//载入标题
    {
        CString str;
        if (g_nRunMode==MODE_WITH_COMPUTER && g_bUserBlack)
            str.LoadString(IDS_SINGLE_USER_CHINESE);//"黑白棋: 与计算机对弈，你执黑先下"
        else if (g_nRunMode==MODE_WITH_COMPUTER && !g_bUserBlack)
            str.LoadString(IDS_SINGLE_COMPUTER_CHINESE);//"黑白棋: 与计算机对弈，计算
机执黑先下"
        else if (g_nRunMode==MODE_2PLAYER)
        {
            if(g_nIsNoTimeLimit)
                str.LoadString(IDS_DOUBLE_NOLIMIT_CHINESE);//"黑白棋: 双人同机对弈，
不限时"
            else
            {
                str.LoadString(IDS_DOUBLE_LIMIT_CHINESE);//"黑白棋: 双人同机对弈，限时%d 秒"
```

```
                    TCHAR str1[200];
                    wsprintf(str1, str.GetBuffer(256), g_nTimeLimit);
                    str=str1;
                }
            }
        SetWindowText(str);//显示标题
    }

    void CBWChessDlg::OnListDoubleClicked()//双击列表，撤消操作
    {
        if(m_bGameOver || g_nIsDemo)//游戏已结束或正在演示
            return;
        int nSel=m_ListInfo.GetCurSel();
        int length=m_ListInfo.GetCount()-1;
            while(length>=nSel)//依次进行撤消
            {
                OnUndo();
                length=m_ListInfo.GetCount()-1;
            }
    }

    void CBWChessDlg::DrawFrame(CDC *dc)//画棋盘
    {
        const int Sx=1;
        const int Sy=1;
        int i,j;
        int wx0,wy0,wx1,wy1;
        wx0=Sx,wy0=Sy;
        DrawBitmap(dc,wx0,wy0,IDB_F1_1,SRCCOPY);
        wx0=Sx+m_wFrameHeight+NUM*m_wFrameWidth,wy0=Sy;
        DrawBitmap(dc,wx0,wy0,IDB_F1_10,SRCCOPY);
        wx0=Sx,wy0=Sy+m_wFrameHeight+NUM*m_wStoneHeight;
        DrawBitmap(dc,wx0,wy0,IDB_F10_1,SRCCOPY);
        wx0=Sx+m_wFrameHeight+NUM*m_wStoneWidth,wy0=Sy+m_wFrameHeight+NUM*m_wStone
Height;
        DrawBitmap(dc,wx0,wy0,IDB_F10_10,SRCCOPY);

wx0=Sx+m_wFrameHeight,wy0=Sy,wx1=Sx+m_wFrameHeight,wy1=Sy+m_wFrameHeight+m_wStoneW
idth*NUM;
        for(i=1,wx0=Sx+m_wFrameHeight,wy0=Sy,wx1=Sx+m_wFrameHeight,wy1=Sy+m_wFrame
Height+m_wStoneWidth*NUM;i<NUM+1;i++)
        {//画水平的边框 8 格
            DrawBitmap(dc,wx0,wy0,IDB_F1_2+i-1,SRCCOPY);
            DrawBitmap(dc,wx1,wy1,IDB_F10_2+i-1,SRCCOPY);
            wx0+=m_wFrameWidth;
            wx1+=m_wFrameWidth;
        }
        for(i=0,wx0=Sx,wy0=Sy+m_wFrameHeight,wx1=Sx+m_wFrameHeight+NUM*m_wStoneWid
th,wy1=Sy+m_wFrameHeight;i<NUM;i++)
        {//画垂直的边框 8 格
            DrawBitmap(dc,wx0,wy0,IDB_F2_1+i,SRCCOPY);
            DrawBitmap(dc,wx1,wy1,IDB_F2_10+i,SRCCOPY);
```

```
            wy0+=m_wStoneHeight;
            wy1+=m_wStoneHeight;
        }
        for(i=0,wx0=Sx+m_wFrameHeight,wy0=Sy+m_wFrameHeight;i<NUM;i++,wx0=Sx+m_wFr
ameHeight,wy0=i*m_wStoneHeight+Sy+m_wFrameHeight)
            for(j=0;j<NUM;j++,wx0+=m_wStoneWidth)
            {//画棋盘 8*8
                if(!kernel[i][j])
                {
                    CPoint pt(wx0,wy0);
                    DrawBitmap(dc,wx0,wy0,IDB_EMPTY,SRCCOPY);
                }
            }
    }

    void CBWChessDlg::OnDemo()  //响应"计算机演示/终止计算机对弈"命令
    {
        CString str;
        if(g_nIsDemo)//响应"终止计算机对弈"命令
        {
            ::TerminateThread(m_CcThread->m_hThread,0);
            m_pMenu->EnableMenuItem(IDM_NEW,MF_ENABLED);
            m_pMenu->EnableMenuItem(IDM_OPEN,MF_ENABLED);
            m_pMenu->EnableMenuItem(IDM_SAVE,MF_ENABLED);
            m_pMenu->EnableMenuItem(IDM_NETPLAY,MF_ENABLED);
            m_pMenu->EnableMenuItem(IDM_REPLAY,MF_ENABLED);
            str.LoadString(IDS_DEMOTITLE0);//"计算机演示[&M]...\tCtrl+M"
            m_pMenu->ModifyMenu(IDM_DEMO,MF_BYCOMMAND | MF_STRING,IDM_DEMO,str);
            //程序已经在"演示",菜单已被改为"终止计算机对弈",因此现在要恢复为"计算机演示"
            g_nIsDemo=0;
            m_bGameOver=TRUE;
        }
        else//响应"计算机演示"命令
        {
            int HaveKilled=0;
            if(m_TimerOn)//终止计时
            {
                HaveKilled=1;
                KillTimer(PASSEDTIME);
                m_TimerOn=0;
            }

            if(!m_bGameOver && g_bPrompt)//游戏没有结束
            {
                if(MsgBox(IDS_ABORT,IDS_TITLE_CHINESE,2)==IDCANCEL)
                {//弹出对话框询问
                    if(HaveKilled)//取消对话框,恢复计时
                    {
                        SetTimer(PASSEDTIME,1000,NULL);
                        m_TimerOn=1;
                    }
                    return;
```

```
            }
        }
//OK 对话框
    CDemo dlg;//弹出计算机对弈对话框
    if(dlg.DoModal()==IDCANCEL)
    {
        if(HaveKilled)
        {
            SetTimer(PASSEDTIME,1000,NULL);
            m_TimerOn=1;
        }
        return;
    }
    //修改菜单
    m_pMenu->EnableMenuItem(IDM_HINT,MF_GRAYED);
    m_pMenu->EnableMenuItem(IDM_UNDO,MF_GRAYED);
    m_pMenu->EnableMenuItem(IDM_CANPLACE,MF_GRAYED);
    m_pMenu->EnableMenuItem(IDM_SAVE,MF_GRAYED);
    m_pMenu->EnableMenuItem(IDM_SAVEINFO,MF_GRAYED);
    m_pMenu->EnableMenuItem(IDM_NEW,MF_GRAYED);
    m_pMenu->EnableMenuItem(IDM_OPEN,MF_GRAYED);
    m_pMenu->EnableMenuItem(IDM_NETPLAY,MF_GRAYED);
    m_pMenu->EnableMenuItem(IDM_REPLAY,MF_GRAYED);
    str.LoadString(IDS_DEMOTITLE1);
    m_pMenu->ModifyMenu(IDM_DEMO,MF_BYCOMMAND | MF_STRING,IDM_DEMO,str);
//修改菜单为"终止计算机对弈"
    int flag=0;//标识是否为历史棋局
    if(dlg.m_IsFile)//演示历史棋局
    {
        CFile file(dlg.m_FilePath, CFile::modeRead);
        int buffer[9000],len;
        file.Read(buffer,9000*sizeof(int));
        len=18+NUM*NUM;///important
        m_PointGo.destroy();
        int x,y,num,tc;
        stack tt;
        num=buffer[len++];//num 代表走棋的步数
        while(num>0)//进栈
        {
            x=buffer[len++];
            y=buffer[len++];
            tc=buffer[len++];
            tt.push(x,y);
            tt.SetMarks(tc);
            num--;
        }
        while(!tt.isempty ())//再出栈入栈，顺序演示
        {
            tc=tt.GetMarks (0);
            tt.pop (&x,&y);
            m_PointGo.push(x,y);
```

```
                m_PointGo.SetMarks(tc);
            }
            flag=0;
}
else//不是历史棋局
{
        CString str1;
        switch(g_nCbSkill)//黑方级别
        {
        case 1://黑方：初级
            switch(g_nCwSkill)//白方级别
            {
            case 1://白方：初级
                str1.LoadString(IDS_DEMO_TITLE_11);
                //"黑白棋：计算机演示->黑方：初级；白方：初级"
                break;
            case 2://白方：中级
                str1.LoadString(IDS_DEMO_TITLE_12);
                //黑白棋：计算机演示->黑方：初级；白方：中级
                break;
            case 3://白方：专家级
                str1.LoadString(IDS_DEMO_TITLE_13);
                //黑白棋：计算机演示->黑方：初级；白方：专家级
                break;
            }
            break;
        case 2://黑方：中级
            switch(g_nCwSkill)
            {
            case 1:
                str1.LoadString(IDS_DEMO_TITLE_21);
                //黑白棋：计算机演示->黑方：中级；白方：初级
                break;
            case 2:
                str1.LoadString(IDS_DEMO_TITLE_22);
                break;
            case 3:
                str1.LoadString(IDS_DEMO_TITLE_23);
                break;
            }
            break;
        case 3://黑方：高级
            switch(g_nCwSkill)
            {
            case 1:
                str1.LoadString(IDS_DEMO_TITLE_31);
                break;
            case 2:
                str1.LoadString(IDS_DEMO_TITLE_32);
                break;
            case 3:
```

```
                          str1.LoadString(IDS_DEMO_TITLE_33);
                          break;
                  }
                  break;
              }
              SetWindowText(str1);//设置标题，显示设置的信息
              flag=1;
          }
          g_nIsDemo=1;
          m_DemoOrReplay=1;
          m_CcThread=AfxBeginThread(CCplayFunc,(LPVOID)flag,THREAD_PRIORITY_
NORMAL,
                                              0,CREATE_SUSPENDED);
          //创建一线程，对应的函数是 CCplayFunc(LPVOID p)，优先级别 NORMAL，阻塞状态
          m_Mutex.Lock();//互斥，不再响应棋盘上的点击事件
          m_CcThread->ResumeThread();   //执行线程
      }
      m_nIsContinueReplay=1;
  }

  UINT CCplayFunc(LPVOID p)//CCplayFunc(LPVOID p) 是 CBWChessDlg 类的友员函数
  {
      CBWChessDlg *dlg=(CBWChessDlg *)(AfxGetApp()->m_pMainWnd);
      //m_pMainWnd 指向主界面
      dlg->ComputerPlay((int)p);//在子线程中执行计算机演示操作，主线程仍可响应用户输入
      return 0;
  }

  void CBWChessDlg::ComputerPlay(int flag)//计算机演示对弈
  {
      InitParams();
      IsEnd(m_byColor+1);
      m_PeekOnce=(int)g_bPeepOften;
      Mutex1.Lock();
      g_nMutex=1;//确保此操作能一次性完成
      Mutex1.Unlock();
      InvalidateRect(&m_Client, FALSE);
      m_Mutex.Lock();//锁定棋盘
      while(1)
      {
          m_byColor = !m_byColor;  //棋手交换          // 1-Black  0-White
          int ptBest_x=0,ptBest_y=0,result=0,ret=0;
          if(flag)//无历史型的演示（级别无效）
          {
              if(m_byColor)
                  Place(&ptBest_x,&ptBest_y,m_byColor+1);
              else
                  Place(&ptBest_x,&ptBest_y,m_byColor+1);
          }
          else//有历史型的演示
          {///add here 从栈里获得数据
              ret=m_PointGo.GetNextPos(&ptBest_x,&ptBest_y,&m_byColor);
```

```
    }
    BtoW(ptBest_x,ptBest_y,m_byColor+1);
    Calcu_BW();// 计算黑白棋子的数目
    result=IsEnd(!m_byColor+1);
    Mutex1.Lock();
    g_nMutex=1;
    Mutex1.Unlock();
    InvalidateRect(&m_Client, FALSE);
    UpdateWindow();
    m_Mutex.Lock();
    AddStringToList(ptBest_x,ptBest_y,m_byColor);
    PlaySounds(IDSOUND_PUTSTONE);
    if(!ret && !flag)
    {
        m_bGameOver=TRUE;
        break;
    }
    if(result==-1)//演示结束
    {
        CString str1,str2,str3,strPrompt;
        TCHAR str[300];
        int addp=0;
        m_bGameOver=TRUE;
        Calcu_BW();
        str2.LoadString (IDS_TITLE_CHINESE);//"黑白棋"
        if(num_white<num_black)
        {//本局黑棋胜
            addp=2;
            str1.LoadString(IDS_BLACKWIN_CHINESE);
        }
        else if(num_white>num_black)
        {//本局白棋胜
            addp=1;
            str1.LoadString(IDS_WHITEWIN_CHINESE);
        }
        else
        {//"本局平手。\n 我们的水平不分上下！"
            addp=3;
            str1.LoadString(IDS_TIE_CHINESE);
        }
        str3.LoadString(IDS_END_CHINESE);
        //"黑棋%d 子，白棋%d 子"
        wsprintf(str, str3.GetBuffer(256), num_black,num_white);
        strPrompt = str;
        strPrompt += str1;
        AddStringToList(0,0,0,addp);
        Mutex1.Lock();
        g_nMutex=1;
        Mutex1.Unlock();
        InvalidateRect(&m_Client,FALSE);
        m_Mutex.Lock();
```

```
                    PlaySounds(IDSOUND_USERWIN);
                    MsgBox(strPrompt,str2);//弹出显示演示结果的对话框
                    break;
                }
                else if(result==0)//当前一方不能下，换下一方
                    m_byColor=!m_byColor;//轮流
                Sleep(500*g_nCSpeed);//减慢演示速度
        }//end while
        CString strT;
        m_pMenu->EnableMenuItem(IDM_NEW,MF_ENABLED);
        m_pMenu->EnableMenuItem(IDM_OPEN,MF_ENABLED);
        m_pMenu->EnableMenuItem(IDM_SAVE,MF_ENABLED);
        m_pMenu->EnableMenuItem(IDM_NETPLAY,MF_ENABLED);
        if(m_DemoOrReplay)
        {
            strT.LoadString(IDS_DEMOTITLE0);//修改为"计算机演示[&M]...\tCtrl+M"
            m_pMenu->ModifyMenu(IDM_DEMO,MF_BYCOMMAND | MF_STRING,IDM_DEMO,strT);
            m_pMenu->EnableMenuItem(IDM_REPLAY,MF_ENABLED);//使"重温棋局"有效
        }
        else
        {//add here
            strT.LoadString(IDS_REPLAY0);//"重温棋局[&W]\tCtrl+W"
            m_pMenu->ModifyMenu(IDM_REPLAY,MF_BYCOMMAND|MF_STRING,IDM_REPLAY,strT);
//"重温棋局"
            m_pMenu->EnableMenuItem(IDM_DEMO,MF_ENABLED);
        }
        g_nIsDemo=0;
        m_PointGo.CopyBackIndex();
    }
    void CBWChessDlg::OnReplay()  //响应"重温棋局"
    {
        CString str;
        if(g_nIsDemo)//正在演示
        {
            ::TerminateThread(m_CcThread->m_hThread,0);//终止演示线程
            m_pMenu->EnableMenuItem(IDM_NEW,MF_ENABLED);
            m_pMenu->EnableMenuItem(IDM_OPEN,MF_ENABLED);
            m_pMenu->EnableMenuItem(IDM_SAVE,MF_ENABLED);
            m_pMenu->EnableMenuItem(IDM_NETPLAY,MF_ENABLED);
            m_pMenu->EnableMenuItem(IDM_DEMO,MF_ENABLED);

            str.LoadString(IDS_REPLAY0);//"重温棋局[&W]\tCtrl+W"
            m_pMenu->ModifyMenu(IDM_REPLAY,MF_BYCOMMAND | MF_STRING, IDM_REPLAY, str);

            g_nIsDemo=0;
            m_bGameOver=TRUE;
            m_PointGo.CopyBackIndex();
        }
        else//没有演示
        {
            int HaveKilled=0;
            if(m_TimerOn)
```

```
        {
            HaveKilled=1;
            KillTimer(PASSEDTIME);
            m_TimerOn=0;
        }
        if(!m_bGameOver && g_bPrompt)//游戏没有结束
        {
            if(MsgBox(IDS_ABORT,IDS_TITLE_CHINESE,2)==IDCANCEL)
                //"你确定要终止当前的对局吗？""黑白棋"
            {//继续
                if(HaveKilled)
                {
                    SetTimer(PASSEDTIME,1000,NULL);
                    m_TimerOn=1;
                }
                return;
            }
        }
        m_pMenu->EnableMenuItem(IDM_HINT,MF_GRAYED);
        m_pMenu->EnableMenuItem(IDM_UNDO,MF_GRAYED);
        m_pMenu->EnableMenuItem(IDM_CANPLACE,MF_GRAYED);
        m_pMenu->EnableMenuItem(IDM_SAVE,MF_GRAYED);
        m_pMenu->EnableMenuItem(IDM_SAVEINFO,MF_GRAYED);
        m_pMenu->EnableMenuItem(IDM_NEW,MF_GRAYED);
        m_pMenu->EnableMenuItem(IDM_OPEN,MF_GRAYED);
        m_pMenu->EnableMenuItem(IDM_NETPLAY,MF_GRAYED);
        m_pMenu->EnableMenuItem(IDM_DEMO,MF_GRAYED);
        str.LoadString(IDS_REPLAY1);//载入"终止重温棋局[&W]\tCtrl+W"
        m_pMenu->ModifyMenu(IDM_REPLAY,MF_BYCOMMAND | MF_STRING,IDM_REPLAY, str);
        //duplicate stack
        if(m_nIsContinueReplay)
        {
            m_PointGo.destroy();
            while(!ListInfo.isempty())//将序列倒置，存入 m_PointGo 栈中
            {
                int x,y,mark;
                mark=ListInfo.GetMarks(0);
                ListInfo.pop(&x,&y);
                m_PointGo.push(x,y);
                m_PointGo.SetMarks(mark);
            }
            m_nIsContinueReplay=0;//防止第二次赋值
        }
        g_nIsDemo=1;//开始演示标识
        m_DemoOrReplay=0;
        m_CcThread=AfxBeginThread(CCplayFunc,(LPVOID)0,THREAD_PRIORITY_NORMAL,0,
CREATE_SUSPENDED);
        //派生演示线程，设置为历史棋盘"演示模式"，由"(LPVOID)0"表示
        m_Mutex.Lock();//互斥地演示
        m_CcThread->ResumeThread();  //开始演示
    }
```

```
    }
void AcceptCallback (DWORD ptr)//接受连接的处理函数
{
    CNetworking* net = reinterpret_cast <CNetworking*> (ptr);

    if (Connection && Connection->IsConnected ())//清除多余的连接,但保留当前的连接
    {
        CConnection* c = net->GetAccepted ();
        while (c)
        {
            char nocon[] = "The host can not accept your connection at this time.";
            c->Send (nocon, sizeof (nocon));
            c->Disconnect ();
            delete c;
            c = net->GetAccepted ();
        }
    }

    else//没有连接,接受连接
    {
        if (Connection)
            delete Connection;

        Connection = net->GetAccepted ();//接受连接对象

        Connection->SetReceiveFunc (ReceiveCallback);//设置数据到达时的回调函数
        Connection->SetCloseFunc (CloseCallback);//设置连接关闭时要调用的回调函数

        AfxMessageBox("有人加入,连接成功,你先下");
        Sever=1;//设置为服务器模式
    }

}

UINT ReceiveFunc(int kk)//数据到达时的处理函数,是友元函数
{
    CBWChessDlg *dlg=(CBWChessDlg *)(AfxGetApp()->m_pMainWnd);
    if(kk!=10)//所有数据大于等于10,大于10是其他消息,等于10 是走棋消息,只用到前面3 byte,
其他7 个备用
    {
     szBuff[10]='\0';
     szBuff[0]='#';
     AfxMessageBox("不是所要的数据");
     char str[1000];
     wsprintf(str,"%s",szBuff);
     AfxMessageBox(str);
      return 0;
    }

    if((szBuff[0]-48)==CMD_RESIGN)
    {
        AfxMessageBox("对手退出了");
        m_bGameOver=TRUE;
```

```
        return 0;
    }

    if((szBuff[0]-48)==CMD_OVER)
    {
        pppp=100;
    }

    if((szBuff[0]-48)==CMD_SKIP)
    {
        dlg->m_Skip=1;
    }

    if(m_bGameOver)
       return 1;

    int x=szBuff[1]-48;
    int y=szBuff[2]-48;

    if(m_bGameOver==false)
    dlg->Newchess(x,y);
    //销毁数据
    dlg=NULL;
    return 1;
}

void ReceiveCallback (DWORD ptr)//数据到达时的处理
{
    CConnection* c = reinterpret_cast <CConnection*> (ptr);

    int kk=c->Receive (szBuff, 1000);//接收数据

    ReceiveFunc(kk);//相关的数据处理函数
}


void CloseCallback (DWORD ptr)//关闭连接
{
    AfxMessageBox ("The connection was closed.");
    if (Connection)
    delete Connection;//关闭连接
    Connection=NULL;
    if(Sever==1)//为服务器
    {
        Networking.StopListen ();
        Networking.Listen(10205);
    }
    if(g_nRunMode==MODE_NETWORK)//网络模式
    m_bGameOver=true;//游戏结束
    Sever=2;//非网络模式
    ptr=ptr+0;
}

UINT ConnectFunc(LPVOID flag)//与主机进行连接的线程函数
{
```

```
Cip m_ip;//创建IP对话框
 if (m_ip.DoModal()==IDCANCEL)//取消
 return (UINT)flag;
BYTE IP1=m_ip.IP1;
BYTE IP2=m_ip.IP2;
BYTE IP3=m_ip.IP3;
BYTE IP4=m_ip.IP4;
char IP[16];
 wsprintf(IP,"%d.%d.%d.%d",IP1,IP2,IP3,IP4);
 AfxMessageBox(IP);
 int i=0;
 while(i<10&&Connection->Connect (IP, 10205)!=true)
 {   i++;
      Sleep(100);
 }
 if(i<10)
 {
      AfxMessageBox("连接成功，对手先下");
     Sever=0;//只有在连接之后才能设置客户机模式
 }
 else
 {
      AfxMessageBox("连接失败");
     Sever=2;
 }
 return (UINT)flag;
}

void  CBWChessDlg::OnConnect()//建立客户机
{
    if(Sever==1||Sever==0)
    {
        AfxMessageBox("已经建立了连接，请先断开连接");
        return;
    }
    Sever=2;//设为非联网模式
    Connection = new CConnection ();//建立连接对象

    AfxBeginThread(ConnectFunc,0,THREAD_PRIORITY_NORMAL,0,NULL);//连接到服务器

    Connection->SetReceiveFunc(ReceiveCallback);//建立连接对象,设置数据到达时的回调
函数
    Connection->SetCloseFunc (CloseCallback);//设置连接被关闭时的回调函数


}
void  CBWChessDlg::OnHost()//建立服务器
{
    if(Sever==1)
    {
        AfxMessageBox("已经建立了,不能重复建立");
        return;
```

```
        }

        if(Sever==0)
        {
            AfxMessageBox("已经建立了连接，请先断开连接");
             return;
        }

        Sever=2;//设为非联网模式
       if(Networking.Listen(10205))
           {
         AfxMessageBox("监听成功");
           Networking.SetAcceptFunc (AcceptCallback);//设置接受连接时的回调函数
           }
           else
         AfxMessageBox("监听失败");
}

void  CBWChessDlg::OnUnlink()
{
    if( Connection->IsConnected ())
    Connection->Disconnect ();
    if(Sever==1)//为服务器
    Networking.StopListen ();
    Sever=2;//设为断开状态
}
int CBWChessDlg::Senddata(int x, int y, int command)//发送数据
{
    char  sz[11];

    sz[0]=(char)(command+48);
    sz[1]=(char)(x+48);
    sz[2]=(char)(y+48);
    sz[3]='B';
    sz[4]='W';
    sz[5]='C';
    sz[6]='H';
    sz[7]='E';
    sz[8]='S';
    sz[9]='S';
    sz[10]='\0';

    if(Connection->Send(sz, strlen (sz))==SOCKET_ERROR )
    {
     AfxMessageBox("数据发送失败");
     return 0;
    }
    return 1;
}


void CBWChessDlg::Newchess(int ptBest_x,int ptBest_y)//当对方数据到达时，更新窗口
{
                m_Mutex.Lock();
                m_byColor = !m_byColor;          // 1-Black  0-White,切换对手
```

```
duplicate();//保存副本
m_HintOnce=0;
m_PeekOnce=0;
BtoW(ptBest_y,ptBest_x,m_byColor+1);//将棋盘上被夹住的子变色
CPoint pt;
pt.x = ptBest_x*m_wStoneWidth + m_wXNull+m_wStoneWidth/2;
pt.y = ptBest_y*m_wStoneHeight + m_wYNull+m_wStoneWidth/2;
m_CurPt.x=ptBest_x;
m_CurPt.y=ptBest_y;
ClientToScreen(&pt);
MoveCursor(pt.x, pt.y);//移动光标,此时m_byColor代表的是当前棋手的颜色
AddStringToList(ptBest_y,ptBest_x,m_byColor);//将信息加入列表框
InvalidateRect(m_Client, FALSE);
UpdateWindow();//更新棋盘
PlaySounds(IDSOUND_PUTSTONE);
if(m_Skip!=1&&pppp!=100)
    Ring(IsEnd(!m_byColor+1));//作善后处理,包括"游戏结束或对手无子可走"
    else
        {
            int kk=IsEnd(!m_byColor+1);
        if(kk==0)
        m_Skip=1;
            else
            m_Skip=0;

            Calcu_BW();

            ShowNumber();
    if(pppp==100)
      {
            int win=0;
            int  addp=0;
            m_bGameOver = TRUE;
        if(m_TimerOn)
            {
            KillTimer(PASSEDTIME);
            m_TimerOn=0;
            }
        CString str1,str2, str3,strPrompt;
      TCHAR str[128];
    g_nStoneNum=abs(num_black-num_white);
    g_nBestMark=abs((num_white+num_black)*(num_white-num_black));
      if(!(num_black && num_white))
        g_nBestMark+=800;
      if(num_white>num_black)//白胜
            addp=1;
        if(num_white<num_black)//黑胜
            addp=2;
        if(num_white==num_black)//平局
          {
            str1.LoadString(IDS_TIE_CHINESE);
            win=1;
```

```
                              addp=3;
                          }
                    else if((g_bUserBlack && (num_white>num_black)) || ((!g_
bUserBlack) && (num_white<num_black)))
                    {
                        if(!num_white || !num_black)
                          str1.LoadString(IDS_COMPUTERWIN0_CHINESE);
                        else if(g_nStoneNum>=40)
                          str1.LoadString(IDS_COMPUTERWIN1_CHINESE);
                        else
                          str1.LoadString(IDS_COMPUTERWIN2_CHINESE);
                    }
                    else if((g_bUserBlack && (num_white<num_black)) || ((!g_
bUserBlack) && (num_white>num_black)))
                    {
                        win=1;
                        if(!num_white || !num_black)
                          str1.LoadString(IDS_USERWIN0_CHINESE);
                        else if(g_nStoneNum<=6)
                          str1.LoadString(IDS_USERWIN2_CHINESE);
                        else
                          str1.LoadString(IDS_USERWIN1_CHINESE);
                    }

                    if(num_white!=num_black)
                    {
                        if(num_white && num_black)
                        {
                            wsprintf(str, str1.GetBuffer(256), g_nStoneNum);
                            strPrompt=str;
                        }
                      else
                        strPrompt=str1;
                    }
                    else
                        strPrompt=str1;

                    AddStringToList(0,0,0,addp);
                     PlaySounds((win==0)         ?         IDSOUND_COMPUTERWIN         :
IDSOUND_USERWIN );
                  AfxMessageBox(strPrompt+"    "+str2);//弹出胜负的对话框
                    BOOL bWinner = FALSE;
                     if (g_nBestMark>g_nMark1)
                  bWinner = TRUE;//打破了记录
              if (bWinner&&(win==1))//存储记录
                {
                        if (g_nSkill == 1)
                        {
                            g_nTime1 = g_nStoneNum;//棋子的数目
                            g_nMark1=g_nBestMark;//所得的分数
                        }
                    else if (g_nSkill == 2)
```

```
                                {
                                g_nTime2 = g_nStoneNum;
                                g_nMark2=g_nBestMark;
                                }
                        if (g_nSkill == 3)
                            {
                             g_nTime3 = g_nStoneNum;
                             g_nMark3=g_nBestMark;
                            }
                        }

                }//end if(pppp==100)
                    if(m_Skip==1)
                        {
                                    CString str3,str2;
                                     if((g_bUserBlack && !m_byColor) || (!g_bUserBlack
    && m_byColor))

                                    str3.LoadString(IDS_USER_NOPLACE_CHINESE);
                                    else    if((g_bUserBlack    &&    m_byColor)    ||
    (!g_bUserBlack && !m_byColor))

                                    str3.LoadString(IDS_COMPUTER_NOPLACE_CHINESE);
                                    str2.LoadString(IDS_TITLE_CHINESE);
                                AfxMessageBox(str3+"     "+str2);
                                    m_Skip=1;
                                     m_byColor=!m_byColor;
                            }//end  if(m_Skip==1)
                }//end else
                    if(!m_bGameOver && g_bPeepOften)
                    OnCanplace();//显示位置

                    if(m_Skip==1)//m_Skip==1表示我无子可走，由对手继续走
                    ready=false;//当前用户获得了使用权!!! !m_bGameOver && !m_Skip)
                    else
            ready=true;
                    if(m_bGameOver)
                    ready=false;
                    m_Mutex.Unlock();
    }
```

通过 DTS 对 BWChessDlg.cpp 的测试报告如下：

插入"DTS 测试报告-han.pdf"文件。

4.5 实验作业

自己用 C、C++或 JAVA 等语言编写一段程序，使用 DTS 工具进行测试，并提交测试结果。

第 5 章

LoadRunner 测试工具

软件惊人的变化速度和激增的复杂性为软件开发过程带来了巨大的风险。严格的性能测试是量化和减少这种风险最常见的策略。使用 HP LoadRunner 进行自动化负载测试是应用程序部署过程中一个非常重要的环节。

5.1　实验目的

使用 LoadRunner 测试 SPM 教学网站的负载性能，对该网站进行疲劳测试和压力测试。

5.2　实验准备

5.2.1　LoadRunner 安装

版本：LoadRunner 11.00 版本。

打开 LoadRunner11.00 安装程序，显示如图 5-1 所示的页面，点击"LoadRunner 完整安装程序"。

图 5-1　安装界面

安装完成后再一次运行"setup.exe"时，安装程序会自动检查所需组件是否都已安装，确定都安装后弹出如图 5-2 所示的页面，点击"我同意"，然后点击"下一步"。

图 5-2　许可协议

填写客户信息（可填可不填），然后点击"下一步"，接着选择安装文件夹所在位置，然后点击"下一步"，如图 5-3 所示。

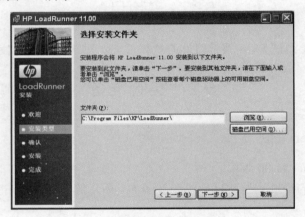

图 5-3　选择路径

接着，如图 5-4 所示，点击"下一步"，然后等待安装。

图 5-4　确认安装

最后显示如图 5-5 所示的页面，表明 LoadRunner11.00 安装完成。

图 5-5　安装完成

5.2.2　LoadRunner 破解

（1）下载破解文件，此处使用已经下载好的文件"lm70.dll"和"mlr5lprg.dll"。

（2）将"lm70.dll"、"mlr5lprg.dll"这两个文件复制并粘贴到 LR11 安装目录下的 bin 文件夹下，通常位置是 C:\Program Files\HP\LoadRunner\bin。如已经存在会弹出提示，确定替换。注意：复制时要先将 LoadRunner 关闭，否则会出现复制出错的提示。

（3）复制后启动 LoadRunner，如图 5-6 和图 5-7 所示，选择"CONFUGURATION→LoadRunner License"。

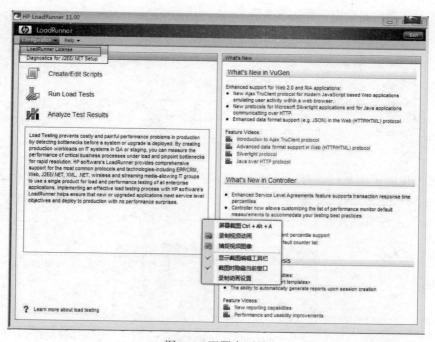

图 5-6　配置序列号

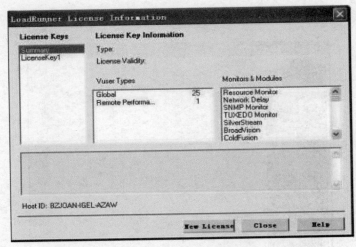

图 5-7　序列号选择

（4）选择"New License"，输入"AEAMAUIK-YAFEKEKJJKEEA-BCJGI"，如图 5-8 所示。

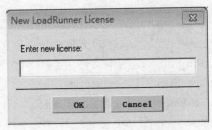

图 5-8　序列号输入

这里可能会弹出对话框，如图 5-9 所示。

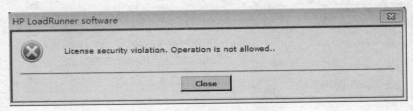

图 5-9　序列号错误提示

该错误出现的原因是已经有试用的"license"了，所以需要将试用的"license"删除。

（5）使用 loadrunner 注册表删除工具来删除注册表中的 license（运行"lr 破解\deletelicense"）。注意要先将 LR 关闭。运行程序，最后弹出如图 5-10 所示页面。

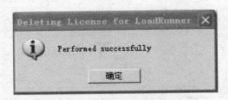

图 5-10　序列号注册成功

（6）确定后，可以按照刚才的步骤重新启动 Loadrunner 了。再次选择"CONFUGURATION→loadrunner license"，这时会发现，License 已空，如图 5-11 所示。

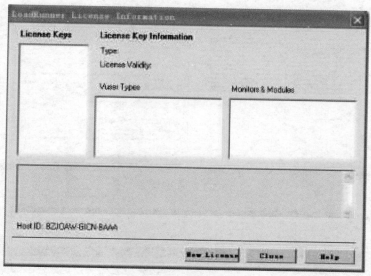

图 5-11　序列号列表

（7）点击"New License"，首先输入 globa-100 的注册码——AEAMAUIK-YAFEKEKJJKEEA-BCJGI，就可破解成功，如图 5-12 所示。

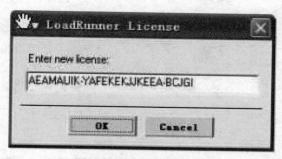

图 5-12　输入新的序列号

5.3　实验内容

5.3.1　使用 LoadRunner 进行测试

（1）点击"Create/Edit Scripts"，如图 5-13 所示。

（2）点击"New Scripts"，选择"Web（HTTP/HTML）"，如图 5-14 所示。

（3）在 URL 地址中填写要测试的网址，点击 OK 后录制开始，如图 5-15 所示。

（4）录制开始会自动弹出输入网页界面,可以对被测试网页进行一些操作，比如点击某些链接等动作，如图 5-16 所示。

（5）点击"stop"结束录制，如图 5-17 所示。

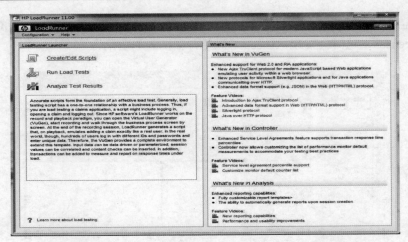

图 5-13　创建脚本

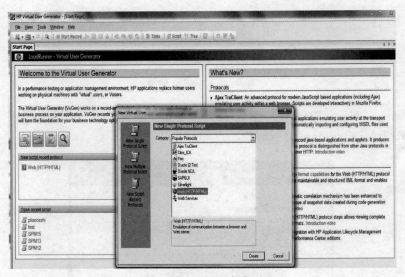

图 5-14　选择脚本类型

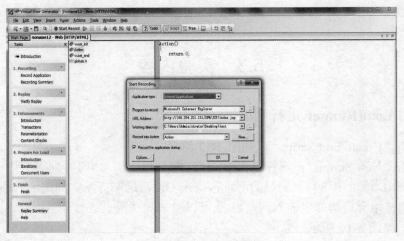

图 5-15　确认录制细节

图 5-16　录制脚本过程

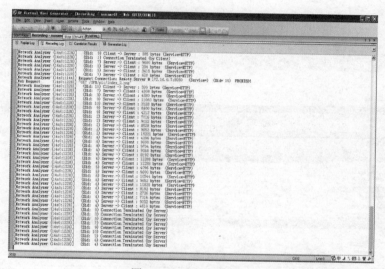

图 5-17　录制操作显示

（6）保存录制的脚本，如图 5-18 所示。

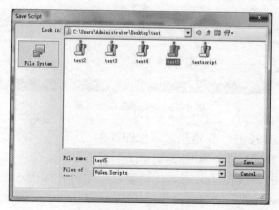

图 5-18　保存脚本

另外，也可以保存情景（scenario），在情景中加载多个脚本，如图 5-19 和图 5-20 所示。

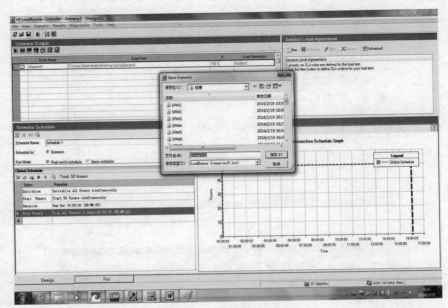

图 5-19　添加脚本路径

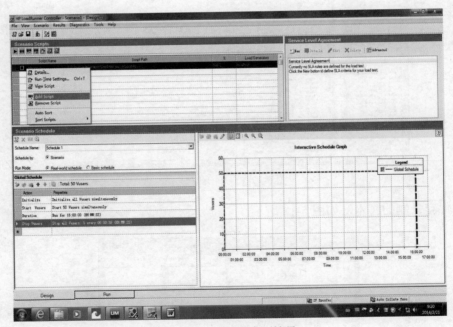

图 5-20　添加脚本到情景

（7）点击"Run Load Tests"开始测试，如图 5-21 所示。

（8）添加先前录制好的脚本，如图 5-22 所示。

（9）双击"initialize"，选择同时初始化所有虚拟用户，如图 5-23 所示。

（10）双击"start vusers"，填写需要同时运行的虚拟用户（vusers）并选择同时（simultaneously），如图 5-24 所示。

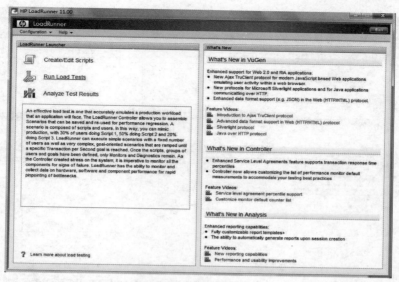

图 5-21　开始测试

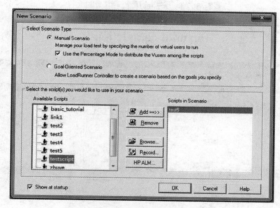

图 5-22　选择脚本

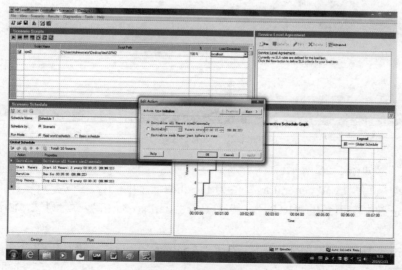

图 5-23　设置初始化虚拟用户

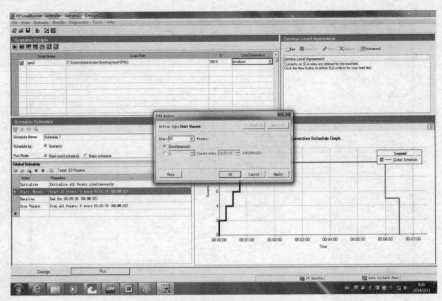

图 5-24　选择运行间隔时间

（11）双击"duration"，选择"run until completion"，如图 5-25 所示。

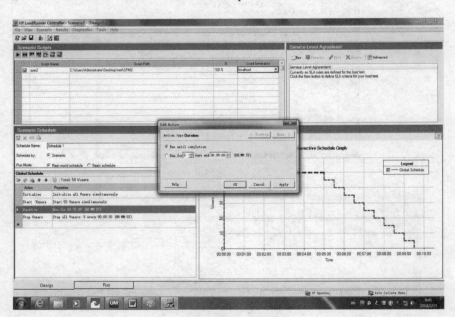

图 5-25　选择持续时间

选择"是"，如图 5-26 所示。

（12）手动填写"Load generators"值为 localhost，如图 5-27 所示。

（13）首先点击左下角的"RUN"，其次点击"start scenario"开始测试，测试后截图如图 5-28 所示。

（14）点击工具栏里的"Results"，选择"Analyze Results"，进行结果分析（左上角黑色方框标记），如图 5-29 所示。

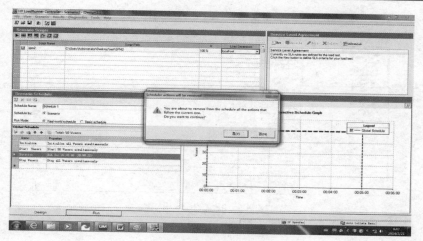

图 5-26　确认设置

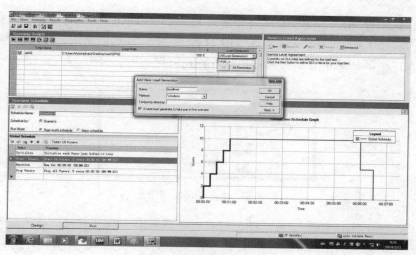

图 5-27　设置 Load Generator

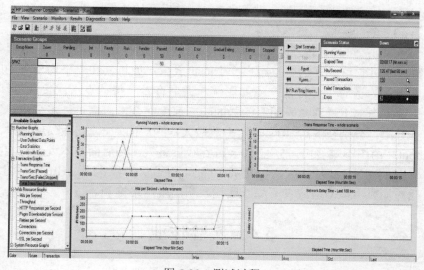

图 5-28　测试过程

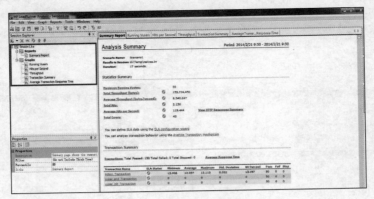

图 5-29　输出结果

5.3.2　测试结果分析

此次使用了 50 个用户，其中，总的吞吐量为 153 724 450 byte，平均吞吐量为 8 540 247 byte，总的请求量为 2 150，平均每秒请求量为 119.444。从图 5-30 可以看出，该系统存在一定的问题，比例较大，所以从这个方面可以看出软件存在一定问题。

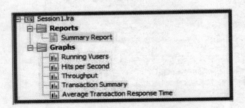

图 5-30　事务响应细节信息

点击图 5-30 中"Graphs"下各子图可以查看各事务响应细节信息，具体描述如下。

Average Transaction Response Time:提供了在整个测试过程中事务响应时间的细节信息，根据该图可以确定响应时间缓慢的事务；可以测试过程中出现性能问题的转折点。

Running Vusers：通过图形可知，准备状态 1 s 过后开始执行，第 2 s 时 50 个用户全部开始运行了。第 13 s 陆续完成了脚本任务。

Hits per Second：每秒点击次数，即运行场景过程中虚拟用户每秒向 Web 服务器提交的 HTTP 请求数。通过它可以评估虚拟用户产生的负载量，如将其和"平均事务响应时间"比较，可以查看点击次数对事务性能产生的影响。通过查看"每秒点击次数"，可以判断系统是否稳定。系统点击率下降通常表明服务器的响应速度在变慢，需进一步分析，发现系统瓶颈所在。不难看出，分别在 5 s、10 s 时点击数最大，到后面基本处于稳定状态。

Throughput：由图不难看出，5 s、10 s 时吞吐量最大，到后面基本处于稳定状态，原理同上。通常来说，随着负载的加大，吞吐量（Throughput）和点击率（Hits）会随之增大。吞吐量随着负载的加大出现平坦或者下降，往往表明出现网络饱和。

5.4　实验作业

使用 LoadRunner 对新浪网进行加压测试，并提交测试结果。

第6章
JMeter 测试工具

Apache JMeter 是 100%纯 Java 桌面应用程序，是用来测试 C/S 结构的软件（如 Web 应用程序）。它可以被用来测试包括基于静态和动态资源程序的性能，例如，静态文件、Java Servlets、Java 对象、数据库、FTP 服务器等。JMeter 可以用来模拟一个在服务器、网络或者某一对象上大的负载，来测试或者分析在不同的负载类型下的全面性能。另外，JMeter 能够让同学们用断言创造测试脚本来验证应用程序是否返回了期望的结果，从而帮助使用者对程序进行回归测试。

6.1　实验目的

使用 JMeter 测试 SPM 网站的负载性能，对该网站进行的性能测试主要是压力测试和疲劳测试。

6.2　实验准备

安装版本：apache-jmeter-2.6，JDK1.6。

6.2.1　JDK 安装

（1）安装

点击下载的"jdk.exe"，选择安装路径即可。

（2）设置环境变量

新建用户变量 CLASSPATH，变量值中输入：JDK（安装目录\lib\dt.JAR；）注意加分号，JDK（安装目录\lib\TOOLS.JAR）。

新建用户变量 JAVA_HOME，变量值中输入：JDK 安装目录。

修改系统变量 PATH，添加% java_home %\bin。

（3）检查 JDK 安装是否成功

点击"开始" / "运行"，输入命令 cmd 进入 DOS 操作界面，输入命令：java，出现如图 6-1 所示界面则 JDK 安装成功。

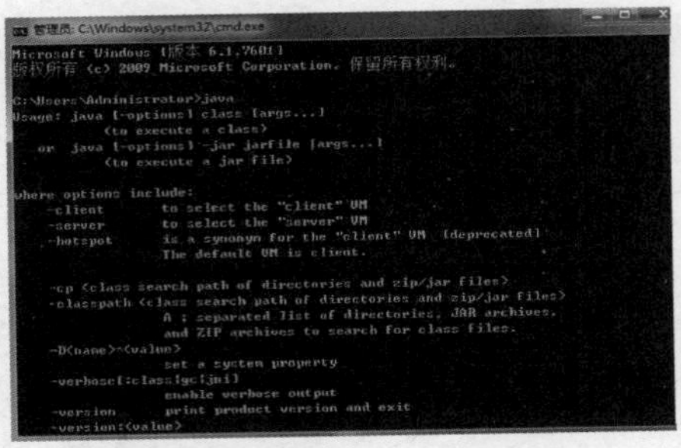

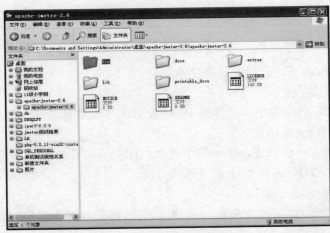

图 6-1 JDK 安装成功

6.2.2 **JMeter 安装**

（1）安装

解压文件"apache-jmeter-2.6.ZIP"到安装盘。

（2）设置环境变量

新建用户变量：JMETER_HOME，变量值中输入：JMeter 安装目录。

修改用户变量 CLASSPATH，变量值中添加如下值：

%JMETER_HOME%\lib\ext\ApacheJMeter_core.jar;%JMETER_HOME%\lib\jorphan.jar;%JMETER_HOME%\lib\logkit-1.2.jar;

（3）检查 JMeter 安装是否成功

进入 JMeter 目录下的 bin 文件夹，点击"JMeter.bat"，查看页面显示，如果能显示 JMeter 操作页面则安装成功。

6.3 实验内容

6.3.1 **参数配置**

（1）进入 JMeter 软件包，进行参数设置，打开 bin\jmeter.properties。如图 6-2~图 6-4 所示。

图 6-2 参数配置路径

图 6-3　参数配置文件

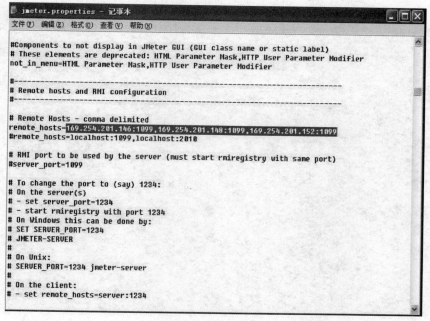

图 6-4　设置控制 IP

需要注意的是，这一步一定要在 "remote_hosts=" 后面添加上要控制的电脑的 IP 地址，格式如 "IP:1090"。若要控制多个电脑，则多个电脑的 IP 都要添加，用逗号隔开，本次测试添加的 IP 包括本机。

（2）打开所有要控制的电脑上的 JMeter 软件包里的文件 "jmeter-server.bat"，如图 6-5 和图 6-6 所示。

图 6-5　运行 jmeter-server.bat

图 6-6　jmeter-server.bat 运行界面

（3）打开"JMeter"，点击"jmeter.bat"即可，如图 6-7 和图 6-8 所示。

6.3.2　使用 JMeter 进行测试

（1）右击"测试计划"，在添加选项中，选"Threads（Users）"，选择"线程组"，如图 6-9 和图 6-10 所示。

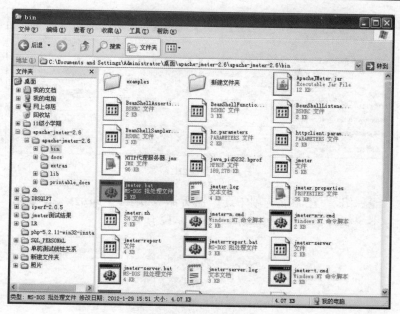

图 6-7　运行 jmeter.bat

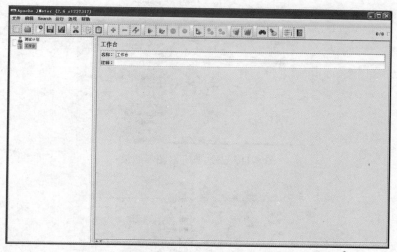

图 6-8　jmeter.bat 运行界面

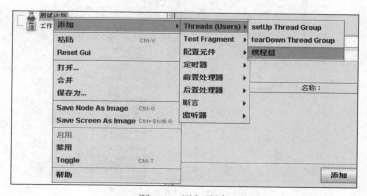

图 6-9　添加脚本

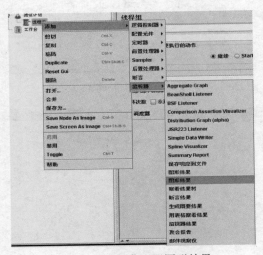

图 6-10　线程组参数

（2）右击"线程组"，在添加选项中选"监听器"，选择"图形结果"（第 2 个），用同样的方法再添加一个"聚合报告"，如图 6-11 和图 6-12 所示。

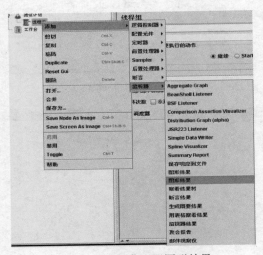

图 6-11　添加监听器图形结果

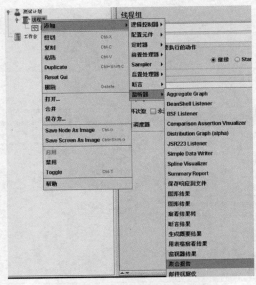

图 6-12　添加监听器聚合报告

（3）右击"工作台"，在添加选项中选择"非测试元件"选"HTTP 代理服务器"，如图 6-13 所示。

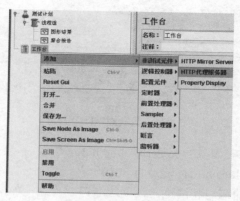

图 6-13　添加工作台 HTTP 代理服务器

（4）在线程组中设置线程数、循环次数和 Ramp-Up Period(insecond)。线程数代表发送请求的用户数目，Ramp-up Period（insecond）代表每个请求发生的总时间间隔，单位是 s，如果请求数目是 5，而这个参数是 10，那么每个请求之间的间隔就是 10 / 5，也就是 2 s。如果设置为 0 就代表并发请求。Loop Count 代表请求发生的重复次数；如果选择后面的 forever（默认），那么请求将一直继续；如果不选择 forever，而在输入框中输入数字，那么请求将重复指定的次数；如果输入 0，那么请求将执行一次。在此次实验中，将线程数设置为 25，Ramp-up Period（insecond）设置为 0，循环次数设置为 1。如图 6-14 所示。

图 6-14　设置线程属性

（5）对 HTTP 代理服务器进行设置，在目标控制器一栏中选择"测试计划>线程组"，在分组中选择每个组放入一个新的控制器，如图 6-15 和图 6-16 所示。

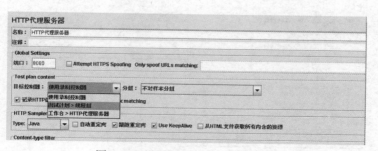

图 6-15　设置测试细节目标控制器

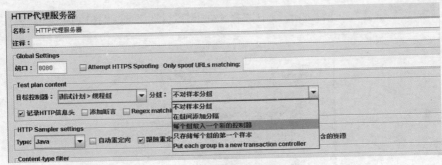

图 6-16　设置测试细节分组

（6）打开 IE 浏览器，在工具一栏选择"Internet 选项"，在连接选项中点开局域网设置，设置代理服务器，地址为 localhost，端口为 8080，并选中对于本地地址不使用代理服务器，JMeter HTTP 代理服务器的端口和浏览器设置的端口要一致，如图 6-17 和图 6-18 所示。

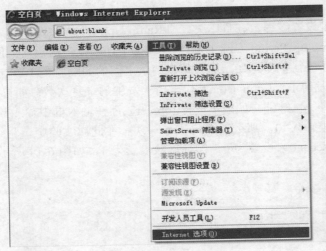

图 6-17　设置局域网

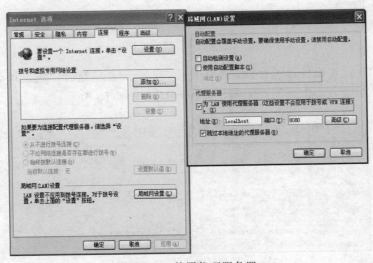

图 6-18　使用代理服务器

（7）启动 HTTP 代理服务器，点击"启动"，如图 6-19 所示。

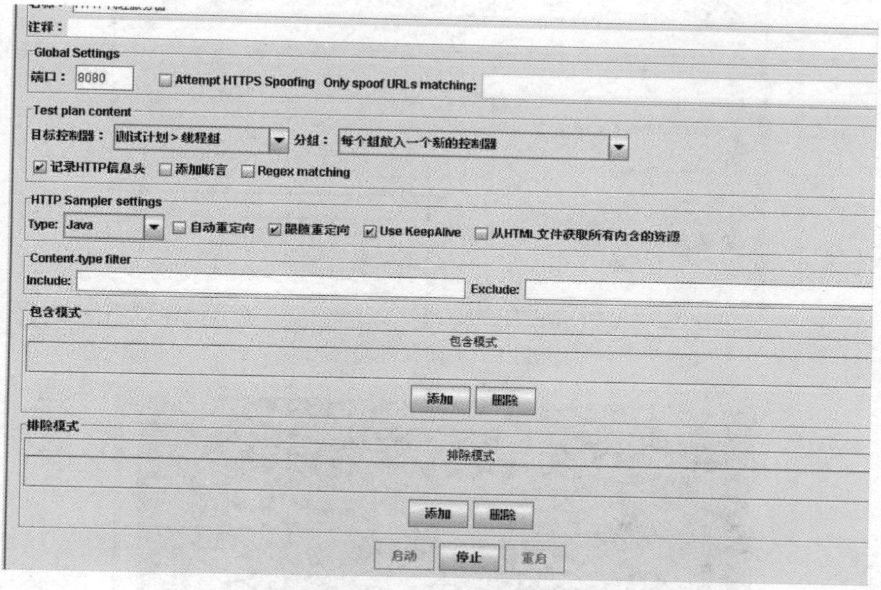

图 6-19　启动代理服务器

（8）在 IE 浏览器中输入测试对象网址 http://www.buptsse.cn/SPM/SPM.jsp，出现主界面，进行一些功能点操作，这时脚本录制成功，如图 6-20 所示。

图 6-20　录制脚本

（9）在 IE 浏览器关闭代理服务器，如图 6-21 所示。

（10）设置分布式环境

在被远程控制的客户端安装文件中打开"jmeter-server.bat"，以保证 slave 和 master 之间是互相关联的，如图 6-22 所示。

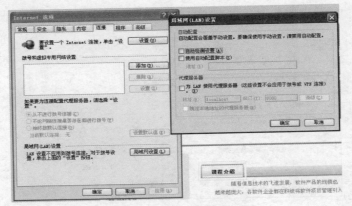

图 6-21　关闭代理服务器

图 6-22　被控制电脑（客户端 slave）jmeter-server.bat 运行

（11）执行测试，设置好以后开始测试，点击"双绿箭头"远程全部启动，另存为后等待结束，如图 6-23 所示。

图 6-23　执行测试

（12）点击测试计划下的图形结果，如图 6-24 所示。

图像的结果可以在编辑栏中通过"Save Node As Image"或"Save Screen As Image"来保存，两者的区别在于前者是保存图形结果，后者是把整个界面都保存下来。

图表底部参数的含义如下：样本数目即为总共发送到服务器的请求数；新样本是代表时间的数字，是服务器响应最后一个请求的时间；吞吐量代表服务器每分钟处理的请求数；平均值代表总运行时间除以发送到服务器的请求数；中间值代表时间的数字，通常有一半的服务器响应时间低于该值而另一半高于该值；偏离表示服务器响应时间变化、离散程度测量值的大小，换句话说，就是数据的分布。图像的横坐标为样本数，纵坐标为时间。如图 6-25 所示。

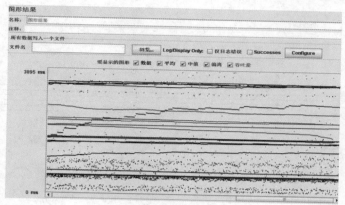

图 6-24 图形结果

Label	# Samples	Average	Median	90% Line	Min	Max	Error %	Throughput	KB/sec
/v3/safeup_li...	999	2555	789	3811	597	24443	7.41%	2.4/sec	7.8
/v3/safeup_a...	1998	1903	983	4048	395	21547	0.35%	4.5/sec	1.3
/savapi/2012...	1998	2116	518	3492	384	22034	7.51%	4.7/sec	10.7
/leakdat/geti...	999	136	97	188	40	3195	0.00%	2.4/sec	9.1
/safe/leakpo...	1997	1768	977	4008	377	21001	0.15%	4.5/sec	1.3
/savapi/2012...	999	2181	516	3525	399	22123	8.01%	2.3/sec	1.1
/wangdun/zh...	998	907	200	3198	91	12182	0.00%	2.3/sec	1.1
总体	9988	1735	556	3874	40	24443	3.14%	22.3/sec	29.7

图 6-25 聚合报告

6.3.3 测试结果分析

Label：每个 JMeter 的 element 都有一个 Name 属性，这里显示的就是 Name 属性的值；

#Samples：表示这次测试中一共发出了多少个请求；

Average：平均响应时间，默认情况下是单个 Request 的平均响应时间；

Median：中位数，也就是 50%用户的响应时间；

90% Line：90%用户的响应时间；

Min：最小响应时间；

Max：最大响应时间；

Error%：本次测试中出现错误的请求的数量 / 请求的总数；

Throughput：吞吐量， 默认情况下表示每秒完成的请求数（Request per Second）；

KB/Sec：每秒从服务器端接收到的数据量，相当于 LoadRunner 中的 Throughput/Sec 。

一般情况下，当用户能够在 2 s 以内得到响应时，会感觉系统的响应非常快；当用户在 2~5 s 之间得到响应时，会感觉系统的响应速度不错；当用户在 5~10 s 以内得到响应时，会感觉系统的响应速度非常慢，不过还能接受；而当用户在超过 10 s 后仍然无法得到响应时，会感觉系统糟透了，或认为系统已失去响应，而选择离开这个 Web 站点，或发起第二次请求。所以 90%line 应该控制在 5 s 以内。

在界面的下方可以点"Save Table Data"来直接保存聚合报告的结果。

6.4 实验作业

使用 JMeter 对搜狐网测试响应时间，并提交测试结果。

第7章
实训流程

7.1 任务分析

根据合约管理的任务单执行过程，接受任务单，进行分析任务。

7.1.1 功能的任务分析

功能的任务分析如下。

（1）查看任务单。了解项目目标、项目范围、项目平台限制等要求。如图7-1所示。

任务单

项目名称	教学网站功能与性能测试	项目标识	SPM-TEST
下达人	韩万江	下达时间	2014年2月17日
项目经理	李前涛	项目计划提交时限	2014年3月7日
送达人	白洁、程冲、李少英、屈琳茜、汪冰清		
项目目标	软件项目管理教学网站的功能与性能测试		
项目范围	见附件：BUPT-SPM-SOW		
项目用户	软件学院		
与其他项目关系	无		
项目限制	完成时间	预计完成时间为：2014年3月7日	
	资金		
	资源	依据批准的项目计划	
	实现限制	开发平台为：Windows、Tomcat、LoadRunner、JMeter	

图 7-1 任务单

（2）查看任务需求。了解项目具体要求，以便分析测试功能点，并计算功能点（见附件：BUPTSSE-SPM-SOW.doc 和 BUPTSSE-SPM-Effort.doc），如图 7-2 和图 7-3 所示。

（3）分析功能测试用例（见附件 BUPTSSE-SPM-Testcase.xls），如图 7-4 所示。

7.1.2 性能的任务分析

性能的任务分析如下。

（1）计算性能分析的功能点（见附件 BUPTSSE-SPM-Effort.doc），如图 7-5 所示。

图 7-2　任务需求（一）

```
本项目的基本要求如下：                    行业信息----1 人天
                                                共 1 人天
首页基本内容：----0.2 人天
    共 0.2 人天                          下载区----1 人天
                                                共 1 人天

                                        成绩查询----0.5 人天
课程介绍：                                      共 0.5 人天
课程介绍包括：
1）课程简介----0.2 人天                   留言板----0.5 人天
2）教学大纲----0.2 人天                          共 0.5 人天
3）课时安排----0.2 人天
4）课程特色----0.2 人天                   网上测试----0.5 人天
5）考评方式----0.2 人天                          共 2.5 人天
6）参考书目----0.2 人天
    共 1.2 人天                          联系我们----0.2 人天
                                            联系人：韩万江
                                            信箱：hanwanjiang@bupt.edu.cn（点击进入信箱）
                                            电话：18911815877
课程内容                                         共 0.2 人天
课程内容包括：
1）授课教案----1 人天                     成绩管理----0.5 人天
2）教学视频----1 人天
3）练习题----1.2 人天                     友情链接----0.2 人天
4）知识点索引----0.2 人天
5）考试大纲----0.2 人天                   通告栏----0.5 人天
6）模拟试卷----0.5 人天
7）案例分析----1.4 人天                   登入入口包括：
    共 5.5 人天                              教师登录入口----0.5 人天
                                            学生登录入口----0.5 人天
                                                共 1 人天

                                        功能测试共 16.7 人天
```

图 7-3　任务需求（二）

测试项	测试用例名称	测试步骤	预测结果
性能测试			
SPM1	首页压力测试	1、使用LoadRunner/JMeter工具，录制SPM1脚本 2、设置性能参数，50个用户同时立即执行，执行一次后结束 3、执行测试，等待执行结果 4、查看结果，分析结果，并将结果保存起来	成功录制SPM1的脚本 成功设置50个虚拟用户时间间隔0秒，循环一次 成功运行脚本，并执行测试，得到结果 成功分析结果，并成功将结果保存
SPM2	行业信息压力测试	1、使用LoadRunner/JMeter工具，录制SPM2脚本 2、设置性能参数，50个用户同时立即执行，执行一次后结束 3、执行测试，等待执行结果 4、查看结果，分析结果，并将结果保存起来	成功录制SPM2的脚本 成功设置50个虚拟用户时间间隔0秒，循环一次 成功运行脚本，并执行测试，得到测试结果 成功分析结果，并成功将结果保存
SPM3	下载区压力测试	1、使用LoadRunner/JMeter工具，录制SPM3脚本 2、设置性能参数，50个用户同时立即执行，执行一次后结束 3、执行测试，等待执行结果 4、查看结果，分析结果，并将结果保存起来	成功录制SPM3的脚本 成功设置50个虚拟用户时间间隔0秒，循环一次 成功运行脚本，并执行测试，得到结果 成功分析结果，并成功将结果保存
SPM4	成绩查询压力测试	1、使用LoadRunner/JMeter工具，录制SPM4脚本 2、设置性能参数，50个用户同时立即执行，执行一次后结束 3、执行测试，等待执行结果 4、查看结果，分析结果，并将结果保存起来	成功录制SPM4的脚本 成功设置50个虚拟用户时间间隔0秒，循环一次 成功运行脚本，并执行测试，得到结果 成功分析结果，并成功将结果保存
SPM5	留言板压力测试	1、使用LoadRunner/JMeter工具，录制SPM5脚本 2、设置性能参数，50个用户同时立即执行，执行一次后结束 3、执行测试，等待执行结果 4、查看结果，分析结果，并将结果保存起来	成功录制SPM5的脚本 成功设置50个虚拟用户时间间隔0秒，循环一次 成功运行脚本，并执行测试，得到测试结果 成功分析结果，并成功将结果保存
SPM6	网上测试压力测试	1、使用LoadRunner/JMeter工具，录制SPM6脚本（点击查看分数/重置） 2、设置性能参数，50个用户同时立即执行，执行一次后结束 3、执行测试，等待执行结果 4、查看结果，分析结果，并将结果保存起来	成功录制SPM6的脚本 成功设置50个虚拟用户时间间隔0秒，循环一次 成功运行脚本，并执行测试，得到测试结果 成功分析结果，并成功将结果保存
SPM7	联系我们压力测试	1、使用LoadRunner/JMeter工具，录制SPM7脚本 2、设置性能参数，50个用户同时立即执行，执行一次后结束 3、执行测试，等待执行结果 4、查看结果，分析结果，并将结果保存起来	成功录制SPM7的脚本 成功设置50个虚拟用户时间间隔0秒，循环一次 成功运行脚本，并执行测试，得到测试结果 成功分析结果，并成功将结果保存
		1、使用LoadRunner/JMeter工具，录制SPM8脚本	成功录制SPM8的脚本

图 7-4　任务需求（三）

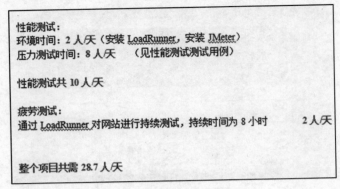

性能测试：
环境时间：2 人夭（安装 LoadRunner，安装 JMeter）
压力测试时间：8 人夭　　（见性能测试测试用例）

性能测试共 10 人夭

疲劳测试：
通过 LoadRunner 对网站进行持续测试，持续时间为 8 小时　　　　　2 人夭

整个项目共需 28.7 人夭

图 7-5　任务需求（四）

（2）性能分析的测试用例（见附件 BUPTSSE-SPM-Testcase.xls），如图 7-6 所示。

图 7-6　任务需求（五）

按照版本管理过程，将任务单（见附件 BUPTSSE-SPM-Task.doc）和估算结果（见附件 BUPTSSE-SPM-Effort.doc）放入 VSS 版本管理库，如图 7-7 和图 7-8 所示。

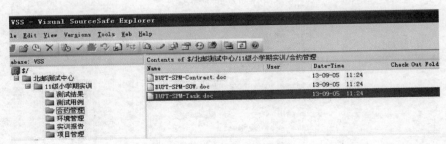

图 7-7　任务单文件

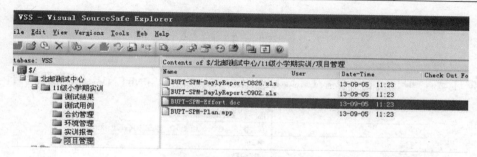

图 7-8　估算结果文件

7.2　任务规划

根据项目计划过程编写测试执行计划,并进行项目计划确认。

根据任务单和项目需求及分析,合理规划每天每一个团队成员所需要做的事情,使项目能合理有序的完成,如图 7-9 所示。

任务名称	开始时间	完成时间	资源名称
软件课程网页测试-20140217	2014年2月17日	2014年3月7日	
测试任务接受和确认	2014年2月17日	2014年2月20日	
接受和确认测试任务	2014年2月17日	2014年2月18日	屈拼茜,李前涛,李少英,程冲,白洁,汪
对任务单进行分析及计算功能点	2014年2月17日	2014年2月20日	屈拼茜,李前涛,李少英,白清
编写SPM-Plan	2014年2月17日	2014年2月18日	李前涛
评审测试计划	2014年2月17日	2014年2月18日	屈拼茜
安装测试环境	2014年2月17日	2014年2月20日	
安装Jmeter	2014年2月17日	2014年2月18日	屈拼茜,李前涛,李少英,程冲,白洁,汪
安装Loadrunner	2014年2月17日	2014年2月19日	屈拼茜,李前涛,李少英,白洁,汪冰清
编写安装Jmeter及LR的实验报告	2014年2月17日	2014年2月19日	屈拼茜,李前涛,李少英,白清,汪
设计黑盒测试用例	2014年2月17日	2014年2月19日	屈拼茜,李前涛,李少英,程冲,汪
填写项目跟踪表	2014年2月17日	2014年2月19日	屈拼茜,李前涛,李少英,白洁,汪
执行测试（用loadrunner和jmeter工具测试）	2014年2月18日	2014年2月20日	
软件课程网页-首页链接和行业信息和成绩查询和留言板和下载区链接性能测试	2014年2月18日	2014年2月20日	屈拼茜,李前涛,李少英,程冲,白洁,汪冰清
软件课程网页-课程内容链接性能测试	2014年2月18日	2014年2月20日	屈拼茜,李前涛,李少英,白洁,汪
软件课程网页-实验与实践链接性能测试	2014年2月18日	2014年2月20日	屈拼茜,李前涛,李少英,程冲,白洁,汪冰清
软件课程网页-教学团队链接性能测试	2014年2月18日	2014年2月20日	屈拼茜,李前涛,李少英,程冲,白洁,汪冰清
软件课程网页-课程内容性能测试	2014年2月19日	2014年2月20日	屈拼茜,李前涛,李少英,程冲,白洁,汪
软件课程网页-登录入口性能测试	2014年2月19日	2014年2月20日	屈拼茜,李前涛,李少英,程冲,白洁,汪
填写BUG	2014年2月19日	2014年2月20日	屈拼茜,李前涛,李少英,程冲,白洁,汪
回归测试	2014年2月20日	2014年2月21日	
代码回归测试	2014年2月20日	2014年2月21日	屈拼茜,李前涛,李少英,程冲,白洁,汪
修改测试用例	2014年2月20日	2014年2月21日	屈拼茜,李前涛,李少英,程冲,白洁,汪
编写实训指导书	2014年2月20日	2014年2月21日	屈拼茜,李前涛,李少英,程冲,白洁,汪
白盒测试	2014年2月24日	2014年2月28日	
DTS的安装使用	2014年2月24日	2014年2月24日	屈拼茜,李前涛,李少英,程冲,白洁,汪
代码测试练习	2014年2月24日	2014年2月25日	屈拼茜,李前涛,李少英,程冲,白洁,汪

图 7-9　BUPTSSE-SPM-Plan.mpp

按照版本管理过程将测试计划放入 VSS 版本管理库,如图 7-10 所示。

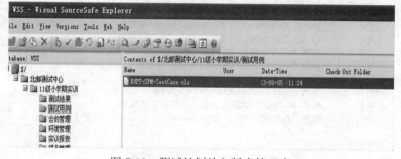

图 7-10　测试计划放入版本管理库

7.3 测试环境管理

根据环境管理过程来执行测试环境，见附件 BUPTSSE-SPM-ENV.doc，如图 7-11 所示。

	服务器环境一
CPU	英特尔 Core i5 650 @ 3.20GHz 双核
内存	4GB
硬盘	998GB
操作系统	Windows 7 旗舰版 32 位 sp1（DiretX 11）
测试工具	Tomcat,loadrunner,Jmeter
数据库配置	MySQL

计算机

电脑型号	方正 PC 台式电脑
操作系统	Windows 7 旗舰版 32 位 SP1（DirectX 11）
处理器	英特尔 Core i5 650 @ 3.20GHz 双核
主板	方正 H55H-CM2 (英特尔 H55 芯片组)
内存	4 GB（三星 DDR3 1333MHz）
主硬盘	希捷 ST31000528AS（998 GB / 7200 转/分 ）
显卡	英特尔 HD Graphics（1275 MB / 精英 ）
显示器	方正 FDR1931FE980-WT（20.2 英寸 ）
光驱	日立-LG DVDRAM GH40N DVD 刻录机
声卡	瑞昱 ALC662 @ 英特尔 5 Series/3400 Series Chipset 高保真音频
网卡	英特尔 82578DC Gigabit Network Connection / 精英

主板

主板型号	方正 H55H-CM2
芯片组	英特尔 H55 芯片组
BIOS	American Megatrends Inc. 080015
制造日期	02/17/2011

	CPU	内存	硬盘	操作系统	工具软件
客户端环境一	英特尔 Core 2 四核 Q9500 @ 2.83GHz	4GB	498GB	Windows XP 专业版 32 位 sp3（DiretX 9.0c)	Jmeter
客户端环境二	英特尔 酷睿 2 四核 Q9500@ 2.83GHz	4GB	498GB	Windows 7 旗舰版 32 位 sp1（DiretX 11）	Loadrunner
客户端环境三	英特尔 酷睿 2 四核 Q9500@ 2.83GHz	4GB	498GB	Windows 7 旗舰版 32 位 sp1（DiretX 11）	Loadrunner

客户端一指标：
计算机

电脑型号	方正 Founder PC 台式电脑
操作系统	Windows XP 专业版 32 位 SP3（DirectX 9.0c)
处理器	英特尔 酷睿 2 四核 Q9500 @ 2.83GHz
主板	富士康 G41MXE (英特尔 4 Series 芯片组 - ICH7)
内存	4 GB（三星 DDR3 1333MHz）
主硬盘	希捷 ST3500418AS（498 GB / 7200 转/分 ）
显卡	英特尔 G41 Express Chipset（256 MB / 富士康 ）
显示器	长城 CGC0000 L9W（19.8 英寸 ）
光驱	建兴 ATAPI DVD A DH16ABS DVD 刻录机
声卡	瑞昱 ALC662 @ 英特尔 82801G(ICH7) 高保真音频
网卡	瑞昱 RTL8168D(P)/8111D(P) PCI-E Gigabit Ethernet NIC / 富士康

处理器

图 7-11   BUPTSSE-SPM-ENV-MMDD.docx

按照版本管理过程将测试环境文件（见附件 BUPTSSE-SPM-ENV-MMDD.docx）放入 VSS 版本管理库，如图 7-12 所示。

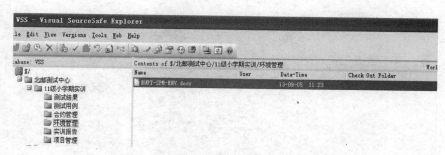

图 7-12 测试环境文件放入版本管理库

7.4 测试用例设计

根据测试设计过程设计测试用例，压力测试用例如图 7-13 所示。

测试项	测试用例名称	测试步骤
性能测试		
SPM1	首页压力测试	1、使用LoadRunner/JMeter工具，录制SPM1脚本 2、设置性能参数，50个用户同时立即执行，执行一次后结束 3、执行测试，等待执行结果 4、查看结果，分析结果，并将结果保存起来
SPM2	行业信息压力测试	1、使用LoadRunner/JMeter工具，录制SPM2脚本 2、设置性能参数，50个用户同时立即执行，执行一次后结束 3、执行测试，等待执行结果 4、查看结果，分析结果，并将结果保存起来
SPM3	下载区压力测试	1、使用LoadRunner/JMeter工具，录制SPM3脚本 2、设置性能参数，50个用户同时立即执行，执行一次后结束 3、执行测试，等待执行结果 4、查看结果，分析结果，并将结果保存起来
SPM4	成绩查询压力测试	1、使用LoadRunner/JMeter工具，录制SPM4脚本 2、设置性能参数，50个用户同时立即执行，执行一次后结束 3、执行测试，等待执行结果 4、查看结果，分析结果，并将结果保存起来
SPM5	留言板压力测试	1、使用LoadRunner/JMeter工具，录制SPM5脚本 2、设置性能参数，50个用户同时立即执行，执行一次后结束 3、执行测试，等待执行结果 4、查看结果，分析结果，并将结果保存起来
SPM6	网上测试压力测试	1、使用LoadRunner/JMeter工具，录制SPM6脚本（点击查看分数/重置） 2、设置性能参数，50个用户同时立即执行，执行一次后结束 3、执行测试，等待执行结果 4、查看结果，分析结果，并将结果保存起来
SPM7	联系我们压力测试	1、使用LoadRunner/JMeter工具，录制SPM7脚本 2、设置性能参数，50个用户同时立即执行，执行一次后结束 3、执行测试，等待执行结果 4、查看结果，分析结果，并将结果保存起来
SPM8	成绩管理压力测试	1、使用LoadRunner/JMeter工具，录制SPM8脚本 2、设置性能参数，50个用户同时立即执行，执行一次后结束 3、执行测试，等待执行结果 4、查看结果，分析结果，并将结果保存起来

图 7-13 性能测试用例

疲劳测试用例如图 7-14 所示。

疲劳测试		
SPM16	课程内容疲劳测试	1、使用LoadRunner/JMeter工具，录制SPM16脚本 2、设置性能参数，50个用户同时立即执行，持续执行24小时 3、执行测试，等待执行结果 4、查看结果，分析结果，并将结果保存起来

图 7-14 疲劳测试用例

根据功能点设计功能测试用例如图 7-15 所示。

功能测试		
SPM1	首页	点击首页
SPM2	行业信息	点击行业信息
		点击行业信息-软件项目开发中常见的问题
		点击行业信息-新的淘金点!Google测试交互式Widget广告
		点击行业信息-Google将推出PowerPoint和Wiki
		点击行业信息-IBM免费办公软件Lotus发布 冲击微软市场
		点击行业信息-欧盟称Vista影响电脑安全 可能禁止其销售
		点击行业信息-微软7000万Office 2007销量未达成
		点击微软本周将推出Windows Server 2008 RC版
		点击行业信息-微软称已做好Windows 7上市延迟18个月准备
		点击行业信息-微软为Vista用户提供降级选择
SPM3	下载区	点击下载区
		点击对软件项目管理的探讨后面的点击下载
		点击解析软件项目管理后面的点击下载
		点击软件项目管理的平衡原则后面的点击下载
		点击软件项目管理的详细介绍后面的点击下载
		点击软件项目管理中的风险管理研究后面的点击下载
SPM4	成绩查询	点击成绩查询
		点击一班
		点击二班
		点击三班
SPM5	留言板	点击留言板
		在姓名框内输入
		在留言框内输入
		点击提交
		点击重置

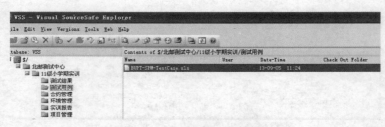

图 7-15　功能测试用例

按照版本管理过程将测试用例（见附件 BUPTSSE-SPM-TestCase.xls）放入 VSS 版本管理库，如图 7-16 所示。

图 7-16 测试用例文件放入版本管理库

7.5　测试执行

根据测试执行过程进行功能和性能测试用例。

根据测试用例，分别对性能用例和功能用例进行分析，并建立 Result 文件（见附件 BUPTSSE-SPM-TestCaseResult.xls）及 Bug 文件（见附件 BUPTSSE-SPM-Bug.xls），如图 7-17 和图 7-18 所示。

（1）执行用例

（2）性能测试

（3）测试

（a）熟悉测试软件 JMeter、LoadRunner。

（b）分别使用 JMeter 或 LoadRunner 根据测试用例对每个模块进行压力测试，具体操作步骤见第 5 章及第 6 章的使用方法。

（c）在测试过程中，将每一模块测试结果填入到 Result 文件中，如果有什么建议性的想法也可以填入文件中。若发现 Bug，填入到 Bug 文件中。

（d）使用 LoadRunner 根据测试用例进行疲劳测试，具体步骤见 LoadRunner 软件使用方法，并将测试结果填入 Result 文件中。

图 7-17 BUPTSSE-SPM-TestCaseResult.xls

图 7-18 BUPTSSE-SPM-Bug.xls

（e）整理 Result 文件、Bug 文件，并对 Bug 进行反复验证。

（4）功能测试

（a）根据测试用例对每个模块进行功能测试，具体测试步骤见测试用例功能测试部分。

（b）将每一模块测试结果填入 Result 文件中，如果有什么建议性的想法也可以填入文件中。若发现 Bug，填入 Bug 文件中。

（c）整理 Result 文件、Bug 文件，并对 Bug 进行反复验证。

（d）按照版本管理过程，将 Result 文件、Bug 文件放入 VSS 版本管理库。如图 7-19 所示。

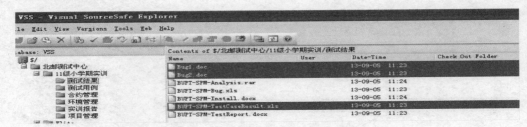

图 7-19 Result 文件、Bug 文件放入版本管理库

7.6 任务执行管理

根据项目监督过程进行任务的监控。

（1）每周创建一个项目管理周报，命名为：BUPTSSE-SPM-DaylyReport-XXXX.xls。

（2）按照轮流填写的原则，当天负责填写周报的责任人需要将每天完成的任务和问题填写在项目管理周报中，如图 7-20 所示。

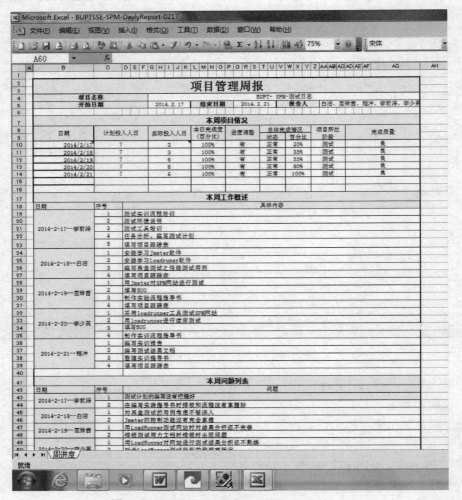

图 7-20 BUPTSSE-SPM-DaylyReport-0217.xls

（3）按照版本管理过程，将项目周报（BUPTSSE-SPM-DaylyReport-XXXX.xls）放入 VSS
版本管理库，如图 7-21 所示。

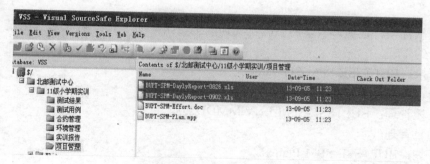

图 7-21　项目周报放入版本管理库

7.7　测试结果

根据测试总结过程进行测试总结，包括编写测试报告，进行项目总结会议。

（1）分析结果，编写测试报告。说明测试对象、测试环境，对执行过程当中用例的执行
情况进行分析，对 Bug 的情况进行分析，并且能给出评价与建议等。详见附件
BUPTSSE-SPM-TestCaseResult.xls。

按照版本管理过程将测试报告（BUPTSSE-SPM-TestReport.doc）放入 VSS 版本管理库，
如图 7-22 所示。

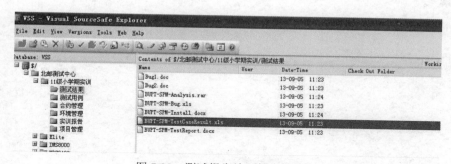

图 7-22　测试报告放入版本管理库

（2）进行项目总结会议。

7.8　项目培训

根据培训管理过程执行项目培训。
（1）实训流程培训。
（2）测试工具培训。
（3）测试技术培训。
（4）信息安全培训。

7.9 实训提交结果

对于《软件项目管理》教学网站测试实训的提交结果如下（详见附录 1~附录 7）。

（1）合约管理

项目需求：BUPTSSE-SPM-SOW.doc

任务单：BUPTSSE-SPM-Task.doc

（2）环境管理：BUPTSSE-SPM-ENV-MMDD.doc

（3）项目管理

项目计划：BUPTSSE-SPM-Plan.xls

功能点：BUPTSSE-SPM-Effort.doc

周报：BUPTSSE-SPM-DaylyReport-0303.xls

BUPTSSE-SPM-DaylyReport-0224.xls

BUPTSSE-SPM-DaylyReport-0217.xls

（4）测试用例：BUPTSSE-SPM-TestCase.xls

（5）测试结果

用例结果：BUPTSSE-SPM-TestCaseResult.xls

缺陷统计：BUPTSSE-SPM-Bug.xls

测试报告：BUPTSSE-SPM-TestReport.doc

（6）实训报告

见附录 7。

附录 1　实训思考

思考与练习

（1）使用 LoadRunner 和 JMeter 得到的测试结果有较大的差距。

（2）疲劳测试没有对网站内容进行全覆盖。

（3）测试建议

（a）新环境比较复杂，部分业务不熟悉，需要公司进行业务知识及环境配置的培训；

（b）设计测试用例遇到一定困难，希望公司对测试思想、测试方法及设计测试用例进行相关培训。

（4）本次测试经验总结

（a）在配置环境之前，必须认真阅读相关作业指导书，逐字逐句，避免少看、漏看导致配置不成功；

（b）配置多个进程时，要特别注意 E1 的接线方式和上下行方向的配置，尽量在线上贴上标签，提高工作效率；

（c）测试过程中遇到异常问题时，要排查网线和硬件问题；

（d）设计测试用例要覆盖需求，尤其要全面分析预测结果，才能设计出完整用例；

（e）测试过程中，遇到任何不懂、不清楚的问题要及时与老师沟通，不要积攒问题，否则会影响测试进度；

（f）测试过程中，要对用例的预期结果要进行自己的分析判断，锻炼全面分析、全面思考的能力；

（g）最好加一项安全性能测试。

附录2 项目提交文档—合约管理

一、SPM 项目需求

文档 BUPTSSE-SPM-SOW.doc。

（一）功能需求

本项目的基本要求如下。

（1）改造对象，http://www.buptsse.cn/SPM/SPM.jsp。如附图 2-1 和附图 2-2 所示。

附图 2-1 改造对象（一）

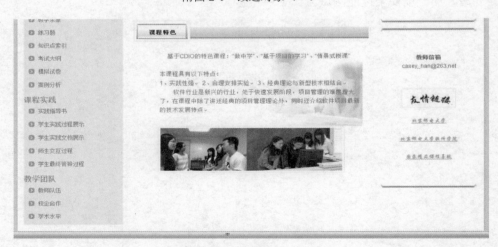

附图 2-2 改造对象（二）

内容可以适当增加，可以增加美观性，可以参照相应的精品课程网站，增加声音介绍，使得一进入网站就被吸引住了。

（2）首页基本内容

首页内容包括如下内容。

①横向：首页　行业信息　下载区　成绩查询、留言板、网上测试、联系我们。

②首页适当修改，更新图片，增加授课过程以及实践过程图片。

③"最新动态"改为"通告栏"。

④还有最下端参照其他网站修改，例如"CopyRight 2013 北京邮电大学　地址:北京市西土城路 10 号　邮编:100876"。

⑤课程介绍内容有修改，同左侧的"课程简介"。

⑥课程特色修改为：基于 CDIO 的特色课程:"做中学""基于项目的学习""情景式授课"。同左侧的"课程特色"。

⑦北京邮电大学软件学院一律改为北京邮电大学。

（3）课程介绍

课程介绍包括：

①课程简介

②教学大纲

③课时安排

④课程特色——见特色

⑤考评方式

⑥参考书目

（4）课程内容

课程内容包括：

①授课教案

②教学视频

③练习题

④知识点索引

⑤考试大纲

⑥模拟试卷

⑦案例分析——更换目录

（5）课程实践

课程实践包括：

①实践指导书

②学生实践过程展示——增加自己的视频或者图片

③学生实践文档展示——图片

④学生与老师的交互过程——图片

⑤学生最后的答辩过程——视频

（6）教学团队

教学团队包括如下。

①教师队伍

《软件项目管理》课程的教师队伍强大，很多教师有软件企业的项目管理经验，在本行业有突出建树，一些老师还有美国、英国等访问学者的背景。该团队一直致力于软件工程和软件项目管理领域的教学和研究，为本科生、硕士生教授软件项目管理等相关课程，同时指导本科、硕士学生论文。该团队也参与和主持多项科学研究，涉及省部级、国家基金、纵向和横向等大型课题，课题开发项目组成员如附表 2-1 所示。

附表 2-1　　　　　　　　　　　　课程开发项目组成员情况

姓名	学历	职称/职务	在课程开发项目中承担工作
韩万江	硕士	副教授	项目负责人，教学大纲，备课，授课
张笑燕	博士	副教授/副院长	教学大纲，教学计划，实践计划等
王安生	硕士	教授/院长助理	实践环节课程的开发
孙艺	硕士	高级工程师	网站的建设

②校企合作

③学术水平

教师队伍撰写软件项目管理、软件工程、软件过程改进等教材 6 本，翻译软件项目管理著作 1 本。在期刊、重要杂志、国际会议上发票论文 20 多篇，其中多篇是 EI 检索论文和核心期刊论文。本教师团队也参与和主持多个科研项目的研究，包括省部级、国家基金等纵向科研项目以及 10 多个横向科研项目。

出版教材如下：

《软件开发项目管理》机械工业出版社，2004 年 1 月

《软件项目管理案例教程》机械工业出版社，2005 年 1 月

《实用 IT 项目管理》(翻译)机械工业出版社，2006 年 5 月

《软件工程案例教程》机械工业出版社，2007 年 2 月

《软件项目管理案例教程第 2 版》机械工业出版社，2009 年 4 月

《软件工程案例教程第 2 版》机械工业出版社，2010 年 5 月

《软件过程改进案例教程》电子工业出版社，2013 年 4 月

其中，

"软件项目管理"课程获得 2007 年度"教育部-IBM 精品课程"；

《软件项目管理案例教程 第 2 版》获得 "十一五"国家级规划教材；

《软件项目管理案例教程 第 2 版》获得 2009 年度 IBM 书籍出版资助项目；

《软件项目管理案例教程 第 2 版》获得 2011 年北京市精品教材；

《软件过程改进案例教程》获得 2012 年度 IBM 书籍出版资助项目。

主要论文如下：

Study on the defect classification model[A]. 2014 2nd International Conference on Radar, Communication and Computing(ICRCC 2014)[C].2014.513-517.

A software defect prediction model during the test period[J]. Applied Mechanics and Materials 2014,475-476: 1186-1189

A new estimation model for small organic software project[J]. Journal of Software.2013,9.

Research on the problem model of GUI based on knowledge discovery in database[A]. 2013 International Conference on Software Engineering and Computer Science[C]. Yichang, China,2013.27-29.

A process-based flexible unified model of software engineering[A]. 2011 International

Conference on Computer Science and Service System (CSSS 2011)[C]. Nanjing, China, 2011. 2908-2911.

Study on quality evaluation model of communication system[A]. 2012 IET International Conference on Information Science and Control Engineering (ICSEM 2012)[C]. Chengdu, China,2012.1-4.

Research on size estimation model for software system test based on testing steps and its application[A]. 2012 International Conference on Computer Science and Information Processing (CSIP 2012)[C].Xi'an, China,2012.1245-1248.

软件工程实践类人才培养模式的探索[J]. 计算机工程与科学, 2011, S1:66-69.

系统化的软件工程教学模式[J]. 南京大学学报, 2009,10.

软件项目管理的实质[J]. 计算机应用研究, 2007,7.

CDIO 理念在项目管理课程中的应用[J].计算机教育, 2010,6.

系统工程与软件工程[J]. 计算机应用, 2010,6.

过程管理在软件项目管理中的作用[J]. 计算机应用研究, 2007,7.

IPv6 将取代 IPv4[J]. 计算机世界, 2007,1.

软件工程的三线索[J]. 计算机世界, 2007,4.

软件的开发过程[J]. 计算机世界, 2007,4.

软件开发工艺的改进[J]. 计算机世界, 2007,4.

软件生产线的管理[J]. 计算机世界, 2007,4.

软件的工程化管理[J]. 计算机世界, 2006,3.

如何实施软件项目的过程管理[J]. 计算机世界, 2005,8.

科研项目：

参与和主持多个项目，包括省部级、国家基金等纵向科研项目以及 10 多个横向科研项目。例如，供应链技术研究 210480、国家自然科学基金、教育部精品课程建设、北京市精品教材建设、调度指挥系统网管子系统软件开发、校级立项双语教学示范课程建设项目《小组软件过程》、性能测试工具-压力测试软件和资源监控软件开发等。

（7）选课系统

①学生选课，确认后不能修改，可以查看列表，如附表 2-2 所示。

附表 2-2　　　　　　　　　　　　　　　选课表

《软件项目管理》选课
学号：
班级：
姓名：
Email：
电话：
确认　　　取消

选课后显示列表如附表 2-3 所示。

附表 2-3 选课表（二）

编号	学号	姓名	班级	状态	备注
1	9212016	李远顿	2009211501	待确认	
2	9212017	周晓	2009211501	待确认	
3	9212018	卢昭宇	2009211501	待确认	
4	9212020	权然	2009211501	待确认	
5	9212021	张楠尧	2009211501	待确认	
...					

②教师确认选课结果如附表 2-4 所示。

附表 2-4 选课表（三）

编号	学号	姓名	班级	状态	备注
1	9212016	李远顿	2009211501	确认/删除	
2	9212017	周晓	2009211501	确认/删除	
3	9212018	卢昭宇	2009211501	确认/删除	
4	9212020	权然	2009211501	确认/删除	
5	9212021	张楠尧	2009211501	确认/删除	
...					

选择确认或者删除操作。

③学生查询选课结果

全部显示选课列表如附表 2-5 所示。

附表 2-5 选课表（四）

编号	学号	姓名	班级

选择学号、姓名、班级等查询。

（8）成绩管理

①成绩接口转换

将 Excel 表格中的成绩转入到成绩表中（或者是数据录入口），如附表 2-6 所示。

附表 2-6 选课表（五）

编号	学号	姓名	班级	平时成绩	期中成绩	期末成绩	实践成绩	总成绩
1	9212016	李远顿	2009211501	100	83	86	100	
2	9212017	周晓	2009211501	75	66	87	100	
3	9212018	卢昭宇	2009211501	—	60	85	100	

总成绩一栏空白，由其他成绩核算出来。

②成绩核算

如附表 2-7 所示，总成绩=平时成绩×10%+期中成绩×10%+实践成绩×20%+期末成绩×60%。

附表 2-7　　　　　　　　　　　　选课表（六）

编号	学号	姓名	班级	平时成绩	期中成绩	期末成绩	实验成绩	总成绩
1	9212016	李远顿	2009211501	100	83	86	100	87.9
2	9212017	周晓	2009211501	75	66	87	100	82.9
3	9212018	卢昭宇	2009211501	—	60	85	100	72.7

③成绩显示（学生、老师都可以查询和看到）

全部显示：如上。

按照姓名、学号查询显示。

④成绩通知（老师操作）

通过 E-mail 通知相应学生成绩。

界面显示通知成功与否。

⑤预警通知（老师操作）

对成绩不及格的学生，即时预警告知，准备补考。

界面显示通知成功与否。

⑥成绩分析（老师操作）

图示(饼图、柱状图等)、分布模型（正态分布、结论等）。

（9）联系我们

联系人：韩万江

信箱：　hanwanjiang@bupt.edu.cn（点击进入信箱）

电话：18911815877

（10）留言板

参照一般留言板，无特殊说明。

（11）网上测试（可以最后完成）

根据 20 道选择题的选择结果，给出分数。参考一般网上考题即可。

（12）其他

行业信息、下载区等功能可以不修改，每组可以根据自己的情况决定美化与否。

（二）性能需求

用户数 50

反应时间：3 s

疲劳度：24 h

测试要求：负载测试，各种用户数的运行状况；疲劳测试，24 h 连续测试。

结论。

二、SPM 任务单

文档 BUPTSSE-SPM-Task.doc。

软件学院实训教学任务书

实训课程名称	企业测试流程实践	教学对象	工程硕士
项目名称	测试实训	指导教师	韩万江　陆天波　孙艺
项目任务	本项目是根据《软件项目管理教学网站》提供的需求描述，对 SPM 教学网站进行功能和性能的黑盒测试，同时包括代码的白盒测试。SPM 教学网站包括了教学内容、在线试题测试等 10 大模块功能，同时要求满足 50 人同时登录的反应时间为小于 3 s 等性能指标。本项目测试的范围不但要覆盖所有的功能，同时要通过 JMeter、LoadRunner 工具进行压力测试，以验证是否发到性能指标。代码的白盒测试包括代码评审和 DTS 代码工具的测试过程。最后达到学生可以成功适应企业测试职责的目的		
实验场地及环境要求	实验场地： 北邮软件学院测试中心实验室 具体实验环境： 1）Web 服务器端安装被测对象 2）版本服务器为 VSS 3）测试工具：DTS、JMeter、LoadRunner		
项目完成进度	第一周：实训流程介绍、测试工具培训、黑盒测试之性能测试 第 1 天 1）测试实训流程培训——韩万江老师 2）测试对象、测试任务、提交结果说明——韩万江老师 3）测试环境说明:VSS 服务器、内网、外网（上网、写文档） 4）测试对象安装——部署 5）3 个测试工具培训——孙艺老师 6）任务分析、估算任务规模、编写测试计划 7）填写项目跟踪表 第 2 天 1）JMeter 工具安装、学习 2）LoadRunner 工具安装、学习 3）编写黑盒测试之性能测试用例 4）填写项目跟踪表 第 3 天 1）采用 JMeter 工具测试 SPM 网站的性能 2）填写 Bug 3）填写项目跟踪表 第 4 天 1）采用 LoadRunner 工具测试 SPM 网站的性能 2）填写 Bug 3）整理实训指导书 4）填写项目跟踪表 第 5 天 1）测试技术培训——韩万江老师 2）回归测试 3）修改测试用例 4）填写项目跟踪表 第二周：实训指导书整理、白盒测试、测试工具培训 第 1 天　本周任务简介 1）回顾实训指导书 2）学习白盒实训流程 3）制订本周计划 4）填写项目跟踪表 第 2 天　白盒测试 1）代码测试工具 DTS 的环境部署、学习		

项目完成进度	2）C、C++、Java 代码测试练习 3）SPM 网站部分代码（Java）测试 4）填写 Bug 5）填写项目跟踪表 第 3 天　编写白盒测试用例 1）编写白盒测试用例 2）填写项目跟踪表 第 4 天　自编代码测试 1）编写代码（自选 C、C++、Java） 2）代码走查 3）DTS 工具测试自编代码 4）填写项目跟踪表 第 5 天　修正 1）代码问题回归测试 2）修改测试用例 3）填写项目跟踪表 第三周：黑盒测试之功能测试、软件信息安全培训、编写测试报告、实训报告 第 1 天 1）编写黑盒测试之功能测试用例 2）填写项目跟踪表 第 2 天 1）根据测试用例对 SPM 网站进行功能测试 2）填写项目跟踪表 第 3 天 1）软件信息安全培训——陆天波老师 2）根据测试用例对 SPM 网站进行功能测试 3）填写项目跟踪表 第 4 天 1）回归测试 2）编写测试报告 3）整理实训指导书 4）填写项目跟踪表 第 5 天 1）编写实训报告 2）编写实训反馈表 3）实训答辩 4）实训总结会议 5）填写项目跟踪表
项目人员安排	组长：项目管理、组织实施 组员：任务分析、规划、设计、测试实施、报告
项目成果要求 （文档资料等）	1）测试计划 2）测试用例 3）Bug 4）用例执行结果 5）测试报告
评分标准	考核共分为 4 个部分，满分 100 分： 1）出勤情况：10 分 2）实践表现：60 分 3）实验报告：10 分 4）答辩情况：20 分

附录 3 项目提交文档—环境管理

一、测试环境

SPM 环境管理：BUPTSSE-SPM-ENV-MMDD.do，如附图 3-1 所示。

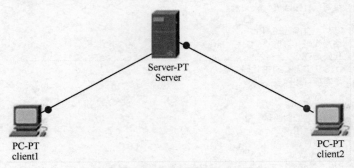

附图 3-1 测试环境

二、测试对象

版本：SPM0217.ZIP，测试对象如附表 3-1 所示。

附表 3-1 测试对象

指标	服务器环境一
CPU	英特尔 Core i5 650 @ 3.20 GHz 双核
内存	4 GB
硬盘	998 GB
操作系统	Windows 7 旗舰版 32 位 SP1（DiretX 11）
测试工具	Tomcat, LoadRunner,JMeter
数据库配置	MySQL

三、测试环境参数

（一）服务器端

下面为实验所用计算机的硬件指标。

计算机

电脑型号	方正 PC 台式电脑
操作系统	Windows 7 旗舰版 32 位 SP1 (DirectX 11)
处理器	英特尔 Core i5 650 @ 3.20 GHz 双核
主板	方正 H55H-CM2 (英特尔 H55 芯片组)
内存	4 GB (三星 DDR3 1 333 MHz)
主硬盘	希捷 ST31000528AS (998 GB / 7 200 转/分)
显卡	英特尔 HD Graphics (1 275 MB / 精英)
显示器	方正 FDR1931 FE980-WT (20.2 英寸)

光驱	日立-LG DVDRAM GH40N DVD 刻录机
声卡	瑞昱 ALC662 @ 英特尔 5 Series/3400 Series Chipset 高保真音频
网卡	英特尔 82578DC Gigabit Network Connection / 精英
主板	
主板型号	方正 H55H-CM2
芯片组	英特尔 H55 芯片组
BIOS	American Megatrends Inc. 080015
制造日期	02/17/2011
处理器	
处理器	英特尔 Core i5 650 @ 3.20 GHz 双核
速度	3.20 GHz (133 MHz×24.0)
处理器数量	核心数: 2 / 线程数: 4
核心代号	Clarkdale
生产工艺	32 nm
插槽/插座	Socket 1156 (LGA)
一级数据缓存	2×32 KB, 8-Way, 64 byte line
一级代码缓存	2×32 KB, 4-Way, 64 byte line
二级缓存	2×256 KB, 8-Way, 64 byte line
三级缓存	4 MB, 16-Way, 64 byte line
特征	MMX, SSE, SSE2, SSE3, SSSE3, SSE4.1, SSE4.2, HTT, EM64T, EIST, Turbo Boost
内存	
DIMM 0	三星 DDR3 1 333 MHz 2 GB
制造日期	2010 年 10 月
型号	CE M378B5773CH0-CH9
序列号	FC8F7663
DIMM 2	三星 DDR3 1 333 MHz 2 GB
制造日期	2010 年 10 月
型号	CE M378B5773CH0-CH9
序列号	03907663
硬盘	
产品	希捷 ST31000528AS
大小	998 GB
转速	7 200 转/分
硬盘已使用	共 366 次，累计 2 670 h
固件	CC46
接口	SATA II
数据传输率	300 MB/s
特征	S.M.A.R.T, 48-bit LBA, NCQ

（二）客户端

客户端如附表 3-2 所示。

附表 3-2 客户端

客户端环境	CPU	内存	硬盘	操作系统	工具软件
客户端环境一	英特尔 Core 2 四核 Q9500 @ 2.83 GHz	4 GB	498 GB	Windows XP 专业版 32 位 SP3（DiretX 9.0c）	JMeter
客户端环境二	英特尔 酷睿 2 四核 Q9500@ 2.83 GHz	4 GB	498 GB	Windows 7 旗舰版 32 位 SP1（DiretX 11）	LoadRunner
客户端环境三	英特尔 酷睿 2 四核 Q9500@ 2.83 GHz	4 GB	498 GB	Windows 7 旗舰版 32 位 SP1（DiretX 11）	LoadRunner

（1）客户端一指标

计算机

电脑型号 　　方正 Founder PC 台式电脑

操作系统 　　Windows XP 专业版 32 位 SP3（DirectX 9.0c）

处理器 　　　英特尔 酷睿 2 四核 Q9500 @ 2.83 GHz

主板 　　　　富士康 G41MXE（英特尔 4 Series 芯片组 - ICH7）

内存 　　　　4 GB（三星 DDR3 1 333 MHz）

主硬盘 　　　希捷 ST3500418AS（498 GB / 7200 转/分）

显卡 　　　　英特尔 G41 Express Chipset（256 MB / 富士康）

显示器 　　　长城 CGC0000 L9W（19.8 英寸）

光驱 　　　　建兴 ATAPI DVD A DH16ABS DVD 刻录机

声卡 　　　　瑞昱 ALC662 @ 英特尔 82801G(ICH7) 高保真音频

网卡 　　　　瑞昱 RTL8168D(P)/8111D(P) PCI-E Gigabit Ethernet NIC / 富士康

处理器

处理器 　　　英特尔 酷睿 2 四核 Q9500 @ 2.83 GHz

速度 　　　　2.83 GHz (333 MHz×8.5) / 前端总线: 1 333 MHz

处理器数量 　核心数: 4 / 线程数: 4

核心代号 　　Yorkfield

生产工艺 　　45 nm

插槽/插座 　　Socket 775 (FC-LGA6)

一级数据缓存 4×32 KB, 8-Way, 64 byte line

一级代码缓存 4×32 KB, 8-Way, 64 byte line

二级缓存 　　2×3 MB, 12-Way, 64 byte line (速度: 2 833 MHz)

特征 　　　　MMX, SSE, SSE2, SSE3, SSSE3, SSE4.1, EM64T, EIST

主板

主板型号 　　富士康 G41MXE

芯片组 　　　英特尔 4 Series 芯片组 - ICH7

板载设备 　　Onboard VGA / 视频设备（启用）

板载设备	Onboard LAN / 网卡 (启用)
板载设备	AUDIO / 音频设备 (启用)
BIOS	American Megatrends Inc. 080015
制造日期	11/26/2010

（2）客户端二指标

计算机

电脑型号	方正 Founder PC 台式电脑
操作系统	Windows 7 旗舰版 32 位 SP1（DirectX 11）
处理器	英特尔 酷睿 2 四核 Q9500 @ 2.83 GHz
主板	富士康 G41MXE（英特尔 4 Series 芯片组 - ICH7）
内存	4 GB（三星 DDR3 1 333 MHz）
主硬盘	希捷 ST3500418AS（498 GB / 7 200 转/分）
显卡	英特尔 G41 Express Chipset（1 422 MB / 富士康）
显示器	长城 CGC0000 L9W（19.8 英寸）
光驱	建兴 ATAPI DVD A DH16ABS DVD 刻录机
声卡	瑞昱 ALC662 @ 英特尔 82801G(ICH7) 高保真音频
网卡	瑞昱 RTL8168D(P)/8111D(P) PCI-E Gigabit Ethernet NIC / 富士康

处理器

处理器	英特尔 酷睿 2 四核 Q9500 @ 2.83 GHz
速度	2.83 GHz (333 MHz×8.5) / 前端总线：1 333 MHz
处理器数量	核心数：4 / 线程数：4
核心代号	Yorkfield
生产工艺	45 nm
插槽/插座	Socket 775 (FC-LGA6)
一级数据缓存	4×32 KB, 8-Way, 64 byte line
一级代码缓存	4×32 KB, 8-Way, 64 byte line
二级缓存	2×3 MB, 12-Way, 64 byte line
特征	MMX, SSE, SSE2, SSE3, SSSE3, SSE4.1, EM64T, EIST

主板

主板型号	富士康 G41MXE
芯片组	英特尔 4 Series 芯片组 - ICH7
板载设备	Onboard VGA / 视频设备 (启用)
板载设备	Onboard LAN / 网卡 (启用)
板载设备	AUDIO / 音频设备 (启用)
BIOS	American Megatrends Inc. 080015
制造日期	11/26/2010

（3）客户端三指标

计算机

| 电脑型号 | 方正 Founder PC 台式电脑 |

操作系统	Windows 7 旗舰版 32 位 SP1（DirectX 11）
处理器	英特尔 酷睿 2 四核 Q9500 @ 2.83 GHz
主板	富士康 G41MXE（英特尔 4 Series 芯片组 - ICH7）
内存	4 GB（三星 DDR3 1 333 MHz）
主硬盘	希捷 ST3500418AS（498 GB / 7 200 转/分）
显卡	英特尔 G41 Express Chipset（1 422 MB / 富士康）
显示器	长城 CGC0000 L9W（19.8 英寸）
光驱	建兴 ATAPI DVD A DH16ABS DVD 刻录机
声卡	瑞昱 ALC662 @ 英特尔 82801G(ICH7) 高保真音频
网卡	瑞昱 RTL8168D(P)/8111D(P) PCI-E Gigabit Ethernet NIC / 富士康

处理器

处理器	英特尔 酷睿 2 四核 Q9500 @ 2.83 GHz
速度	2.83 GHz (333 MHz×8.5) / 前端总线: 1 333 MHz
处理器数量	核心数: 4 / 线程数: 4
核心代号	Yorkfield
生产工艺	45 nm
插槽/插座	Socket 775 (FC-LGA6)
一级数据缓存	4×32 KB, 8-Way, 64 byte line
一级代码缓存	4×32 KB, 8-Way, 64 byte line
二级缓存	2×3 MB, 12-Way, 64 byte line
特征	MMX, SSE, SSE2, SSE3, SSSE3, SSE4.1, EM64T, EIST

主板

主板型号	富士康 G41MXE
芯片组	英特尔 4 Series 芯片组 - ICH7
板载设备	Onboard VGA / 视频设备（启用）
板载设备	Onboard LAN / 网卡（启用）
板载设备	AUDIO / 音频设备（启用）
BIOS	American Megatrends Inc. 080015
制造日期	11/26/2010

附录 4　项目提交文档—项目管理

一、SPM 项目计划

BUPTSSE-SPM-Plan.mpp 任务清单如附图 4-1 和附图 4-2 所示。

标识号		任务名称	开始时间	完成时间	资源名称	六
1		软件课程网页测试-20140217	2014年2月17日	2014年3月10日		
2		测试任务接受和确认	2014年2月17日	2014年2月20日		
3		接受和确认测试任务	2014年2月17日	2014年2月18日		
4		对任务单进行分析及计算功能点	2014年2月17日	2014年2月20日	屈琳茜, 李前涛, 李少英, 程冲, 白洁, 汪…	
5		编写SPM-Plan	2014年2月17日	2014年2月18日	李少英, 白洁, 汪冰清	
6		评审测试计划	2014年2月17日	2014年2月18日	李前涛	
7		安装测试环境	2014年2月18日	2014年2月19日	屈琳茜	
8		安装Jmeter	2014年2月18日	2014年2月19日		
9		安装Loadrunner	2014年2月18日	2014年2月19日		
10		编写安装Jmeter及LR的实验报告	2014年2月18日	2014年2月19日	屈琳茜, 李前涛, 李少英, 程冲, 白洁, 汪…	
11		设计黑盒测试用例	2014年2月18日	2014年2月19日	屈琳茜, 李前涛, 李少英, 程冲, 白洁, 汪…	
12		填写项目跟踪表	2014年2月18日	2014年2月19日	屈琳茜, 李前涛, 李少英, 程冲, 白洁, 汪…	
13		执行测试（用loadrunner和jmeter工具测试）	2014年2月18日	2014年2月20日	屈琳茜, 李前涛, 李少英, 程冲, 白洁, 汪…	
14		软件课程网页-首页链接和行业信息和成绩查询和留言板和下载区链接性能和功能测试	2014年2月19日	2014年2月20日	屈琳茜, 李前涛, 李少英, 程冲, 白洁, 汪冰清	
15		软件课程网页-课程介绍链接性能和功能测试	2014年2月19日	2014年2月20日	屈琳茜, 李前涛, 李少英, 程冲, 白洁, 汪…	
16		软件课程网页-课程实践链接性能和功能测试	2014年2月19日	2014年2月20日	屈琳茜, 李前涛, 李少英, 程冲, 白洁, 汪冰清	
17		软件课程网页-教学团队链接性能和功能测试	2014年2月19日	2014年2月20日	屈琳茜, 李前涛, 李少英, 程冲, 白洁, 汪冰清	
18		软件课程网页-通告栏和友情链接性能和功能测试	2014年2月19日	2014年2月20日	屈琳茜, 李前涛, 李少英, 程冲, 白洁, 汪…	
19		软件课程网页-课程内容性能和功能测试	2014年2月19日	2014年2月20日	屈琳茜, 李前涛, 李少英, 程冲, 白洁, 汪…	
20		软件课程网页-登录入口性能和功能测试	2014年2月19日	2014年2月20日	屈琳茜, 李前涛, 李少英, 程冲, 白洁, 汪…	
21		填写BUG	2014年2月19日	2014年2月20日	屈琳茜, 李前涛, 李少英, 程冲, 白洁, 汪…	
22		回归测试	2014年2月20日	2014年2月21日		
23		代码回归测试	2014年2月20日	2014年2月21日	屈琳茜, 李前涛, 李少英, 程冲, 白洁, 汪…	
24		修改测试用例	2014年2月20日	2014年2月21日	屈琳茜, 李前涛, 李少英, 程冲, 白洁, 汪…	
25		编写实训指导书	2014年2月20日	2014年2月21日	屈琳茜, 李前涛, 李少英, 程冲, 白洁, 汪…	
26		白盒测试	2014年2月24日	2014年2月28日		
27		DTS的部署使用	2014年2月24日	2014年2月24日	白洁, 程冲, 李少英, 李前涛, 屈琳茜, 汪…	
28		代码测试练习	2014年2月24日	2014年2月25日	白洁, 程冲, 李少英, 李前涛, 屈琳茜, 汪…	
29		编写白盒测试用例	2014年2月25日	2014年2月26日	白洁, 程冲, 李少英, 李前涛, 屈琳茜, 汪…	
30		SPM网站代码测试	2014年2月25日	2014年2月26日	白洁, 程冲, 李少英, 李前涛, 屈琳茜, 汪…	
31		填写BUG	2014年2月26日	2014年2月26日	白洁, 程冲, 李少英, 李前涛, 屈琳茜, 汪…	
32		自编代码测试（使用DTS工具）	2014年2月26日	2014年2月27日	白洁, 程冲, 李少英, 李前涛, 屈琳茜, 汪…	
33		测试技术培训	2014年2月26日	2014年2月27日	白洁, 程冲, 李少英, 李前涛, 屈琳茜, 汪…	
34		整理测试日志	2014年2月26日	2014年2月27日	白洁, 程冲, 李少英, 李前涛, 屈琳茜, 汪…	
35		整理实训指导书	2014年2月26日	2014年2月27日	李少英	
36		整理bug文件及bug截图报告	2014年2月27日	2014年2月27日	白洁	
37		黑盒测试	2014年3月3日	2014年3月10日	程冲	
38		黑盒测试用例	2014年3月3日	2014年3月10日	汪冰清	
39		填写项目跟踪表	2014年3月3日	2014年3月3日	白洁, 程冲, 李少英, 李前涛, 屈琳茜, 汪…	

第 1 页

标识号		任务名称	开始时间	完成时间	资源名称	六
40		测试总结	2014年3月3日	2014年3月7日		
41		编写测试报告	2014年3月3日	2014年3月4日	屈琳茜, 李前涛, 李少英, 程冲, 白洁, 汪…	
42		整理实训指导书	2014年3月4日	2014年3月5日	白洁, 程冲, 李少英, 李前涛, 屈琳茜, 汪…	
43		整理测试报告	2014年3月4日	2014年3月5日	白洁, 程冲, 李少英, 李前涛, 屈琳茜, 汪…	
44		报告审核及实训答辩	2014年3月5日	2014年3月7日	屈琳茜, 李前涛, 李少英, 程冲, 白洁, 汪…	

第 2 页

附图 4-1　任务清单（一）

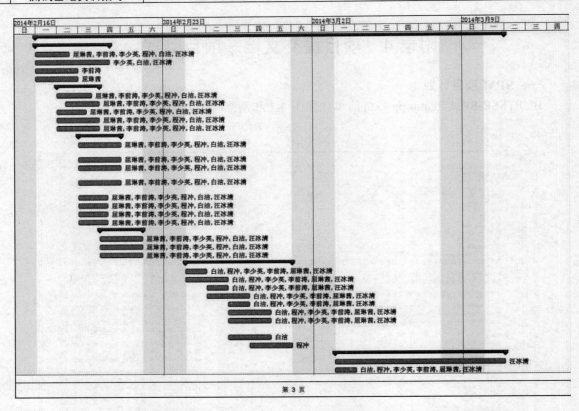

附图 4-2 任务清单（二）

二、SPM 功能点

文档 BUPTSSE-SPM-Effort.doc。

《软件项目管理课程网站》的测试工作量估算，课程网站如附图 4-3 所示。

功能点：输入、输出、处理逻辑。

附图 4-3　课程网站

本项目的基本要求如下：

首页基本内容——0.2 人/天

共 0.2 人/天

课程介绍

课程简介——0.2 人/天

教学大纲——0.2 人/天

课时安排——0.2 人/天

课程特色——0.2 人/天

考评方式——0.2 人/天

参考书目——0.2 人/天

共 1.2 人/天

课程内容

课程内容包括：

授课教案——1 人/天

教学视频——1 人/天

练习题——1.2 人/天

知识点索引——0.2 人/天

考试大纲——0.2 人/天

模拟试卷——0.5 人/天

案例分析——1.4 人/天

共 5.5 人/天

课程实践

课程实践包括：

实践指导书——0.5 人/天

学生实践过程展示——0.2 人/天

学生实践文档展示——0.2 人/天

学生与老师的交互过程——0.2 人/天

学生最后的答辩过程——0.2 人/天

共 1.3 人/天

教学团队

教师队伍——0.2 人/天

校企合作——0.2 人/天

学术水平——0.2 人/天

共 0.6 人/天

行业信息—— 1 人/天

共 1 人/天

下载区——1 人/天

共 1 人/天

成绩查询——0.5 人/天

共 0.5 人/天

留言板——0.5 人/天

共 0.5 人/天

网上测试——0.5 人/天

共 2.5 人/天

联系我们——0.2 人/天

联系人：韩万江

信箱：hanwanjiang@bupt.edu.cn（点击进入信箱）

电话：18911815877

共 0.2 人/天

成绩管理——0.5 人/天

友情链接——0.2 人/天

通告栏——0.5 人/天

登入入口

教师登录入口——0.5 人/天

学生登录入口——0.5 人/天

共 1 人/天

功能测试——共 16.7 人/天

性能测试

环境时间：2 人/天（安装 LoadRunner，安装 JMeter）

压力测试时间：8 人/天　　（见性能测试测试用例）

性能测试共 10 人/天

疲劳测试

通过 LoadRunner 对网站进行持续测试，持续时间为 8 h——2 人/天

整个项目共 28.7 人/天

三、周报

周报表格如附图 4-4~附图 4-7 所示。

（一）BUPTSSE-SPM-DaylyReport-0303.xls

项目管理周报

项目名称						BUPT- SPM-测试日志				
开始日期		2014.2.24	结束日期	2014.2.28		报告人	白洁、屈琳茜、程冲、李前涛、李少英、汪水清			

本周项目情况

日期	计划投入人日	实际投入人日	本日完成度（百分比）	进度调整	总体完成情况 状态	总体完成情况 百分比	项目所处阶段		完成质量	
2014/2/24	7	6	100%	有	正常	20%	测试		良	
2014/2/25	7	6	100%	有	正常	40%	测试		良	
2014/2/26	7	6	100%	有	正常	60%	测试		良	
2014/2/27	7	6	100%	有	正常	80%	测试		良	
2014/2/28	7	6	100%	有	正常	100%	测试		良	

本周工作概述

日期	序号	具体内容
2014-2-24--李前涛	1	安装测试SPM新版本
	2	代码回归测试
	3	修改测试用例
	4	填写项目跟踪表
2014-2-25--李少英	1	代码测试工具DTS的环境部署、学习
	2	C、C++、JAVA代码测试练习
	3	SPM网站部分代码测试
	4	填写BUG
2014-2-26--白洁	1	编写白盒测试用例
	2	填写项目跟踪表
2014-2-27--程冲	1	编写代码（自选C、C++、Java）
	2	代码走查
	3	DTS工具测试自编代码
	4	填写项目跟踪表

附图 4-4　周报表格（一）

（二）BUPTSSE-SPM-DaylyReport-0224.xls

2014-2-28--汪冰清	1	测试技术培训	
	2	回归测试	
	3	修改测试用例	
	4	编写实践指导书	

本周问题列表			
日期	序号		问题
2014-2-17--李前涛	1	测试用例的覆盖率有待完善	
	2	网站新版本配置文件设置有误	
2014-2-18--李少英	1	DTS部署的步骤不熟练	
	2	自编代码测试练习用例功能简单	
	3	SPM网站功能不够完善	
2014-2-19--白洁	1	对白盒测试的用例考虑不够深入	
2014-2-20--程冲	1	编写的代码大多用Java，覆盖面不够广	
	2	自编代码功能简单	
2014-2-21--汪冰清	1	最新版的SPM网站功能需进一步完善	
	2	对测试培训理解有待加深	
	3	编写实验流程指导书时流程出错	

下周工作概述及建议		
序号		内容
1		
2		
3		
4		
5		
6		
7		
8		
9		

附图 4-5　周报表格（二）

（三）BUPTSSE-SPM-DaylyReport-0217.xls

项目管理周报

项目名称			BUPT- SPM-测试日志					
开始日期		2014.2.17	结束日期	2014.2.21	报告人	白洁、屈琳茜、程冲、李前涛、李少英、汪冰清		

本周项目情况								
日期	计划投入人日	实际投入人日	本日完成度（百分比）	进度调整	总体完成情况		项目所处阶段	完成质量
					状态	百分比		
2014/2/17	7	3	100%	有	正常	20%	测试	良
2014/2/18	7	3	100%	有	正常	35%	测试	良
2014/2/19	7	6	100%	有	正常	55%	测试	良
2014/2/20	7	6	100%	有	正常	80%	测试	良
2014/2/21	7	6	100%	有	正常	100%	测试	良

本周工作概述		
日期	序号	具体内容
2014-2-17--李前涛	1	测试实训流程培训
	2	测试环境说明
	3	测试工具培训
	4	任务分析、编写测试计划
	5	填写项目跟踪表
2014-2-18--白洁	1	安装学习Jmeter软件
	2	安装学习Loadruner软件
	3	编写黑盒测试之性能测试用例
	4	填写项目跟踪表
2014-2-19--屈琳茜	1	用Jmeter对SPM网站进行测试
	2	填写BUG
	3	制作实验流程指导书
	4	填写项目跟踪表
	1	采用Loadrunner工具测试SPM网站

附图 4-6　周报表格（三）

2014-2-20--李少英	2	用loadrunner进行疲劳测试
	3	填写BUG
	4	制作实训流程指导书
2014-2-21--程冲	1	编写实训报告
	2	编写测试结果文档
	3	整理实训指导书
	4	填写项目跟踪表

本周问题列表		
日期	序号	问题
2014-2-17--李前涛	1	测试计划的编写没有把握好
	2	在编写实践指导书时排版和流程没有掌握好
2014-2-18--白洁	1	对黑盒测试的用例考虑不够深入
	2	Jmeter的控制功能没有完全掌握
2014-2-19--屈琳茜	1	用LoadRunner测试网站时对结果分析还不完善
	2	排版测试用力文档时排版时出现问题
2014-2-20--李少英	1	用LoadRunner对网站进行测试结果分析还不熟练
	2	对于LoadRunner测试得到的数据有疑问
	3	环境文件的数据收集很困难，数据无法搜集完全
2014-2-21--程冲	1	测试结果文档整理的不够完整
	2	编写实验流程指导书时出现问题
	3	编写实践指导书时顺序有点混乱
	4	整理项目跟踪表内容出现问题

下周工作概述及建议	
序号	内容
1	
2	
3	
4	
5	
6	
7	
8	
9	

附图 4-7　周报表格（四）

附录 5　项目提交文档—测试用例

BUPTSSE-SPM-TestCase.xls，测试用例文档如附图 5-1~附图 5-3 所示。

测试项	测试用例名称		测试步骤	预测结果
性能测试				
SPM1	首页压力测试		1、使用LoadRunner/JMeter工具，录制SPM1脚本 2、设置性能参数，50个用户同时立即执行，执行一次后结束 3、执行测试，等待执行结果 4、查看结果，分析结果，并将结果保存起来	成功录制SPM1的脚本 成功设置50个虚拟用户时间间隔0秒，循环一次 成功运行脚本，并执行测试，得到测试结果 成功分析结果，并将结果保存
SPM2	行业信息压力测试		1、使用LoadRunner/JMeter工具，录制SPM2脚本 2、设置性能参数，50个用户同时立即执行，执行一次后结束 3、执行测试，等待执行结果 4、查看结果，分析结果，并将结果保存起来	成功录制SPM2的脚本 成功设置50个虚拟用户时间间隔0秒，循环一次 成功运行脚本，并执行测试，得到测试结果 成功分析结果，并将结果保存
SPM3	下载区压力测试		1、使用LoadRunner/JMeter工具，录制SPM3脚本 2、设置性能参数，50个用户同时立即执行，执行一次后结束 3、执行测试，等待执行结果 4、查看结果，分析结果，并将结果保存起来	成功录制SPM3的脚本 成功设置50个虚拟用户时间间隔0秒，循环一次 成功运行脚本，并执行测试，得到测试结果 成功分析结果，并成功将结果保存
SPM4	成绩查询压力测试		1、使用LoadRunner/JMeter工具，录制SPM4脚本 2、设置性能参数，50个用户同时立即执行，执行一次后结束 3、查看结果，等待执行结果 4、查看结果，分析结果，并将结果保存起来	成功录制SPM4的脚本 成功设置50个虚拟用户时间间隔0秒，循环一次 成功运行脚本，并执行测试，得到测试结果 成功分析结果，并将结果保存
SPM5	留言板压力测试		1、使用LoadRunner/JMeter工具，录制SPM5脚本 2、设置性能参数，50个用户同时立即执行，执行一次后结束 3、执行测试，等待执行结果 4、查看结果，分析结果，并将结果保存起来	成功录制SPM5的脚本 成功设置50个虚拟用户时间间隔0秒，循环一次 成功运行脚本，并执行测试，得到测试结果 成功分析结果，并将结果保存
SPM6	网上测试压力测试		1、使用LoadRunner/JMeter工具，录制SPM6脚本（点击查看分数/重置） 2、设置性能参数，50个用户同时立即执行，执行一次后结束 3、执行测试，等待执行结果 4、查看结果，分析结果，并将结果保存起来	成功录制SPM6的脚本 成功设置50个虚拟用户时间间隔0秒，循环一次 成功运行脚本，并执行测试，得到测试结果 成功分析结果，并成功结果保存
SPM7	联系我们压力测试		1、使用LoadRunner/JMeter工具，录制SPM7脚本 2、设置性能参数，50个用户同时立即执行，执行一次后结束 3、执行测试，等待执行结果 4、查看结果，分析结果，并将结果保存起来	成功录制SPM7的脚本 成功设置50个虚拟用户时间间隔0秒，循环一次 成功运行脚本，并执行测试，得到测试结果 成功分析结果，并将结果保存
SPM8	成绩管理压力测试		1、使用LoadRunner/JMeter工具，录制SPM8脚本 2、设置性能参数，50个用户同时立即执行，执行一次后结束 3、执行测试，等待执行结果 4、查看结果，分析结果，并将结果保存起来	成功录制SPM8的脚本 成功设置50个虚拟用户时间间隔0秒，循环一次 成功运行脚本，并执行测试，得到测试结果 成功分析结果，并将结果保存
SPM9	课程介绍压力测试		1、使用LoadRunner/JMeter工具，录制SPM9脚本 2、设置性能参数，50个用户同时立即执行，执行一次后结束 3、执行测试，等待执行结果 4、查看结果，分析结果，并将结果保存起来	成功录制SPM9的脚本 成功设置50个虚拟用户时间间隔0秒，循环一次 成功运行脚本，并执行测试，得到测试结果 成功分析结果，并成功结果保存
SPM10	课程内容压力测试	授课教案压力测试	1、使用LoadRunner/JMeter工具，录制SPM10脚本1（授课教案） 2、设置性能参数，50个用户同时立即执行，执行一次后结束 3、执行测试，等待执行结果 4、查看结果，分析结果，并将结果保存起来	成功录制SPM10脚本1（授课教案） 成功设置50个虚拟用户时间间隔0秒，循环一次 成功运行脚本，并执行测试，得到测试结果 成功分析结果，并成功结果保存
		教学录像压力测试	1、使用LoadRunner/JMeter工具，录制SPM10脚本2（教学录像） 2、设置性能参数，50个用户同时立即执行，执行一次后结束 3、执行测试，等待执行结果 4、查看结果，分析结果，并将结果保存起来	成功录制SPM10脚本2（教学录像） 成功设置50个虚拟用户时间间隔0秒，循环一次 成功运行脚本，并执行测试，得到测试结果 成功分析结果，并成功结果保存
		案例分析压力测试	1、使用LoadRunner/JMeter工具，录制SPM10脚本3（案例分析） 2、设置性能参数，50个用户同时立即执行，执行一次后结束 3、执行测试，等待执行结果 4、查看结果，分析结果，并将结果保存起来	成功录制SPM10脚本3（案例分析） 成功设置50个虚拟用户时间间隔0秒，循环一次 成功运行脚本，并执行测试，得到测试结果 成功分析结果，并成功结果保存
		练习题压力测试	1、使用LoadRunner/JMeter工具，录制SPM10脚本4（练习题） 2、设置性能参数，50个用户同时立即执行，执行一次后结束 3、执行测试，等待执行结果 4、查看结果，分析结果，并将结果保存起来	成功录制SPM10脚本4（练习题） 成功设置50个虚拟用户时间间隔0秒，循环一次 成功运行脚本，并执行测试，得到测试结果 成功分析结果，并成功结果保存
		其他压力测试	1、使用LoadRunner/JMeter工具，录制SPM10脚本5（知识点索引+考试大纲+模拟试卷） 2、设置性能参数，50个用户同时立即执行，执行一次后结束 3、执行测试，等待执行结果 4、查看结果，分析结果，并将结果保存起来	成功录制SPM10脚本5（知识点索引+考试大纲+模拟试卷） 成功设置50个虚拟用户时间间隔0秒，循环一次 成功运行脚本，并执行测试，得到测试结果 成功分析结果，并成功将结果保存
SPM11	课程实践压力测试		1、使用LoadRunner/JMeter工具，录制SPM11脚本 2、设置性能参数，50个用户同时立即执行，执行一次后结束 3、执行测试，等待执行结果 4、查看结果，分析结果，并将结果保存起来	成功录制SPM11的脚本 成功设置50个虚拟用户时间间隔0秒，循环一次 成功运行脚本，并执行测试，得到测试结果 成功分析结果，并成功将结果保存
SPM12	教学团队压力测试		1、使用LoadRunner/JMeter工具，录制SPM12脚本 2、设置性能参数，50个用户同时立即执行，执行一次后结束 3、执行测试，等待执行结果 4、查看结果，分析结果，并将结果保存起来	成功录制SPM12的脚本 成功设置50个虚拟用户时间间隔0秒，循环一次 成功运行脚本，并执行测试，得到测试结果 成功分析结果，并将结果保存
SPM13	首页通告栏压力测试		1、使用LoadRunner/JMeter工具，录制SPM13脚本 2、设置性能参数，50个用户同时立即执行，执行一次后结束 3、执行测试，等待执行结果 4、查看结果，分析结果，并将结果保存起来	成功录制SPM13的脚本 成功设置50个虚拟用户时间间隔0秒，循环一次 成功运行脚本，并执行测试，得到测试结果 成功分析结果，并将结果保存
SPM14	友情链接压力测试		1、使用LoadRunner/JMeter工具，录制SPM14脚本 2、设置性能参数，50个用户同时立即执行，执行一次后结束 3、执行测试，等待执行结果 4、查看结果，分析结果，并将结果保存起来	成功录制SPM14的脚本 成功设置50个虚拟用户时间间隔0秒，循环一次 成功运行脚本，并执行测试，得到测试结果 成功分析结果，并将结果保存
SPM15	登陆入口压力测试		1、使用LoadRunner/JMeter工具，录制SPM15脚本 2、设置性能参数，50个用户同时立即执行，执行一次后结束 3、执行测试，等待执行结果 4、查看结果，分析结果，并将结果保存起来	成功录制SPM15的脚本 成功设置50个虚拟用户时间间隔0秒，循环一次 成功运行脚本，并执行测试，得到测试结果 成功分析结果，并成功结果保存
疲劳测试				
SPM16	课程内容疲劳测试		1、使用LoadRunner/JMeter工具，录制SPM16的脚本 2、设置性能参数，100个用户立即执行，持续执行6小时 3、执行测试，等待执行结果 4、查看结果，分析结果，并将结果保存起来	成功录制SPM16的脚本 成功设置100个虚拟用户同时并执行，执行6小时 成功运行脚本，并执行测试，得到测试结果 成功分析结果，并成功结果保存
功能测试				
SPM1	首页		点击首页 点击行业信息 点击行业信息-软件项目开发中常见的问题	成功进入首页页面 成功进入行业信息页面 成功进入软件项目开发中常见的问题页面

附图 5-1　测试用例（一）

		点击行业信息-领的淘金点！Google测试交互式Widget广告	成功进入领的淘金点！Google测试交互式Widget广告网页
SPM2	行业信息	点击行业信息-Google将推出PowerPoint和Wiki	成功进入Google将推出PowerPoint和Wiki网页
		点击行业信息-IBM免费办公软件Lotus发布 冲击微软市场	成功进入IBM免费办公软件Lotus发布 冲击微软市场网页
		点击行业信息-微软称Vista影响电脑安全 可能禁止其销售	成功进入微软称Vista影响电脑安全 可能禁止其销售网页
		点击行业信息-微软本周传推出Windows Server 2008 RC版	成功进入微软本周推出Windows Server 2008 RC版网页
		点击行业信息-微软称已做好Windows 7上市延迟18个月准备	成功进入微软称已做好Windows 7上市延迟18个月准备
		点击行业信息-微软为Vista用户提供降级选择	成功进入微软为Vista用户提供降级选择网页
		点击下载区	成功进入下载区界面
SPM3	下载区	点击对软件项目管理的探讨后面的点击下载	成功下载对软件项目管理的探讨的文件
		点击解析软件项目管理后面的点击下载	成功下载解析软件项目管理的文件
		点击软件项目管理的平衡原则后面的点击下载	成功下载软件项目管理的平衡原则的文件
		点击软件项目管理的详细介绍后面的点击下载	成功下载软件项目管理的详细介绍的文件
		点击软件项目管理中的风险管理研究后面的点击下载	成功下载软件项目管理中的风险管理研究的文件
SPM4	成绩查询	点击成绩查询	成功进入成绩查询页面
		点击一班	成功进入一班成绩查询页面
		点击二班	成功进入二班成绩查询页面
		点击三班	成功进入三班成绩查询页面
SPM5	留言板	点击留言板	成功进入留言板界面
		在姓名框内输入	成功输入姓名
		在留言框内输入	成功输入留言内容
		点击提交	成功提交留言内容
		点击网上测试	留言内容被提交整理
SPM6	网上测试	点击网上测试	成功进入网上测试页面
		选择1.A 需求设计	成功选择1.A 需求设计
		选择1.B 需求获取	成功选择1.B 需求获取
		选择1.C 需求分析	成功选择1.C 需求分析
		选择1.D 需求变更	成功选择1.D 需求变更
		选择2.A 上课	成功选择2.A 上课
		选择2.B 野餐活动	成功选择2.B 野餐活动
		选择2.C 每天的卫生保洁	成功选择2.C 每天的卫生保洁
		选择2.D 保安	成功选择2.D 保安
		选择3.A 采用并行执行任务，加速项目进展	成功选择3.A 采用并行执行任务，加速项目进展
		选择3.B 用一个任务取代另外的任务	成功选择3.B 用一个任务取代另外的任务
		选择3.C 如有可能，减少任务数量	成功选择3.C 如有可能，减少任务数量
		选择3.D 减轻项目风险	成功选择3.D 减轻项目风险
		选择4.A PERT	成功选择4.A PERT
		选择4.B PDM	成功选择4.B PDM
		选择4.C CPM	成功选择4.C CPM
		选择4.D WBS	成功选择4.D WBS
		选择5.A 强制性依赖关系	成功选择5.A 强制性依赖关系
		选择5.B 软逻辑关系	成功选择5.B 软逻辑关系
		选择5.C 外部依赖关系	成功选择5.C 外部依赖关系
		选择5.D 里程碑	成功选择5.D 里程碑
		选择6.A 两项活动的总历时为X天	成功选择6.A 两项活动的总历时为X天
		选择6.B 活动开始到活动完成之间的日历时间(calendar time)是11天	成功选择6.B 活动开始到活动完成之间的日历时间(calendar time)是11天
		选择6.C 活动完成是星期三，14号	成功选择6.C 活动完成是星期三，14号
		选择6.D 活动开始与活动完成之间的日历时间14天	成功选择6.D 活动开始与活动完成之间的日历时间14天
		选择7.A 自顶向下	成功选择7.A 自顶向下
		选择7.B 自底向上	成功选择7.B 自底向上
		选择7.C 控制方法	成功选择7.C 控制方法
		选择7.D 模块体系	成功选择7.D 模块体系
		选择8.A 每个任务都有活动	成功选择8.A 每个任务都有活动
		选择8.B 只有复杂的项目有活动	成功选择8.B 只有复杂的项目有活动
		选择8.C 浮动是在不耽误项目成本的条件下，一个活动可以延迟的时间量	成功选择8.C 浮动是在不耽误项目成本的条件下，一个活动可以延迟的时间量
		选择8.D 浮动是在不影响项目完成时间的前提下，一个活动可以延迟的时间量	成功选择8.D 浮动是在不影响项目完成时间的前提下，一个活动可以延迟的时间量
		选择9.A PERT	成功选择9.A PERT
		选择9.B Total float	成功选择9.B Total float
		选择9.C ADM	成功选择9.C ADM
		选择9.D 赶工	成功选择9.D 赶工
		选择10.A Lag	成功选择10.A Lag
		选择10.B Lead	成功选择10.B Lead
		选择10.C 赶工	成功选择10.C 赶工
		选择10.D 快速跟进	成功选择10.D 快速跟进
		选择11.A 运用进度计划技巧	成功选择11.A 运用进度计划技巧
		选择11.B 整合范围与成本	成功选择11.B 整合范围与成本
		选择11.C 确定期限	成功选择11.C 确定期限
		选择11.D 利用网络进行跟踪	成功选择11.D 利用网络进行跟踪
		选择12.A 总是涉及具体的产品（服务）	成功选择12.A 总是涉及具体的产品（服务）
		选择12.B 是独特的运作方式	成功选择12.B 是独特的运作方式
		选择12.C 具有跨职能调配资源的能力	成功选择12.C 具有跨职能调配资源的能力
		选择12.D 划分阶段进行控制	成功选择12.D 划分阶段进行控制
		选择13.A 由人来作	成功选择13.A 由人来作
		选择13.B 受制于有限的资源和时间	成功选择13.B 受制于有限的资源和时间
		选择13.C 需要规划、执行和控制	成功选择13.C 需要规划、执行和控制
		选择13.D 都是工作	成功选择13.D 都是工作
		选择14.A 项目管理知识体系	成功选择14.A 项目管理知识体系
		选择14.B 应用领域知识、标准与规章制度	成功选择14.B 应用领域知识、标准与规章制度
		选择14.C 以项目为手段对日常运作进行管理	成功选择14.C 以项目为手段对日常运作进行管理
		选择14.D 处理人际关系技能	成功选择14.D 处理人际关系技能
		选择15.A 划分子项目的目的是为了便于管理	成功选择15.A 划分子项目的目的是为了管理
		选择15.B 子项目的划分便于发包给其他单位	成功选择15.B 子项目的划分便于发包给其他单位
		选择15.C 项目生命期的一个阶段是子项目	成功选择15.C 项目生命期的一个阶段是子项目
		选择15.D 子项目不能再往下划分成更小的子项目	成功选择15.D 子项目不能再往下划分成更小的子项目
		选择16.A 识别要求	成功选择16.A 识别要求
		选择16.B 确定清楚而又能实现的目标	成功选择16.B 确定清楚而又能实现的目标
		选择16.C 权衡质量、范围、时间和费用的要求	成功选择16.C 权衡质量、范围、时间和费用的要求
		选择16.D 制定符合项目经理期望的计划和说明书	成功选择16.D 制定符合项目经理期望的计划和说明书
		选择17.A 项目群	成功选择17.A 项目群
		选择17.B 过程	成功选择17.B 过程
		选择17.C 项目	成功选择17.C 项目
		选择17.D 综合	成功选择17.D 综合
		选择18.A 随神性	成功选择18.A 随神性
		选择18.B 通过渐进性协调完成的	成功选择18.B 通过渐进性协调完成的
		选择18.C 拥有主要项目或项目发起人	成功选择18.C 拥有主要项目或项目发起人
		选择18.D 具有唯一性确定性	成功选择18.D 具有唯一性确定性
		选择19.A 达到范围目标	成功选择19.A 达到范围目标
		选择19.B 达到时间目标	成功选择19.B 达到时间目标
		选择19.C 达到内涵目标	成功选择19.C 达到内涵目标
		选择19.D 达到成本目标	成功选择19.D 达到成本目标
		选择20.A 项目管理	成功选择20.A 项目管理
		选择20.B 质量管理	成功选择20.B 质量管理
		选择20.C 项目集合管理	成功选择20.C 项目集合管理
		选择20.D 需求管理	成功选择20.D 需求管理
		点击查看分数	成功查看分数
SPM7	联系我们	点击联系我们	成功进入联系我们界面
		点击邮箱地址	成功打开邮箱
SPM8	课程介绍	课程简介 点击课程简介	成功进入课程简介，显示正常
		教学大纲 点击教学大纲	成功进入教学大纲，显示正常
		课程特色 点击课程特色	成功进入课程特色，显示正常
		考评方式 点击考评方式	成功进入考评方式，显示正常
		参考书目 点击参考书目	成功进入参考书目，显示正常
		授课教案	点击教案，显示界面
		点击第1章 软件项目概述	成功进入对话框，可以选择打开，保存或者另存为，点击打开成功打开文件，点击保存成功保存文件，点击另存为成功另存为文件
		点击第2章 软件项目初步	成功进入对话框，可以选择打开，保存或者另存为，点击打开成功打开文件，点击保存成功保存文件，点击另存为成功另存为文件
		点击第3章 软件项目生命期类型选择	成功进入对话框，可以选择打开，保存或者另存为，点击打开成功打开文件，点击保存成功保存文件，点击另存为成功另存为文件
		点击第4章 软件项目范围计划——任务管理	成功进入对话框，可以选择打开，保存或者另存为，点击打开成功打开文件，点击保存成功保存文件，点击另存为成功另存为文件
		点击第5章 软件项目进度计划	成功进入对话框，可以选择打开，保存或者另存为，点击打开成功打开文件，点击保存成功保存文件，点击另存为成功另存为文件
		点击第6章 软件项目设计计划	成功进入对话框，可以选择打开，保存或者另存为，点击打开成功打开文件，点击保存成功保存文件，点击另存为成功另存为文件
		点击第7章 软件项目配置管理	成功进入对话框，可以选择打开，保存或者另存为，点击打开成功打开文件，点击保存成功保存文件，点击另存为成功另存为文件
		点击第8章 软件项目质量计划	成功进入对话框，可以选择打开，保存或者另存为，点击打开成功打开文件，点击保存成功保存文件，点击另存为成功另存为文件
		点击第9章 软件项目人力资源计划	成功进入对话框，可以选择打开，保存或者另存为，点击打开成功打开文件，点击保存成功保存文件，点击另存为成功另存为文件
		点击第10章 软件项目沟通计划	成功进入对话框，可以选择打开，保存或者另存为，点击打开成功打开文件，点击保存成功保存文件，点击另存为成功另存为文件
		点击第11章 软件项目风险计划	成功进入对话框，可以选择打开，保存或者另存为，点击打开成功打开文件，点击保存成功保存文件，点击另存为成功另存为文件
		点击第12章 软件项目合同计划	成功进入对话框，可以选择打开，保存或者另存为，点击打开成功打开文件，点击保存成功保存文件，点击另存为成功另存为文件
		点击第13章 软件项目集成计划	成功进入对话框，可以选择打开，保存或者另存为，点击打开成功打开文件，点击保存成功保存文件，点击另存为成功另存为文件

附图 5-2　测试用例（二）

模块	子模块	分项	操作	预期结果
SPM9	课程内容	教学录像	点击第14章 软件项目执行控制过程	成功弹出对话框，可以选择打开、保存或者另存为，点击打开成功打开文件，点击保存成功保存文件，点击另存为成功另存为文件
			点击第15章 软件项目结束过程	成功弹出对话框，可以选择打开、保存或者另存为，点击打开成功打开文件，点击保存成功保存文件，点击另存为成功另存为文件
			点击教学录像的序	成功打开、保存或取消学习的序言
			点击教学录像的第1章	成功打开、保存或取消教学录像第1章
			点击教学录像的第2章	成功打开、保存或取消教学录像第2章
			点击教学录像的第3章	成功打开、保存或取消教学录像第3章
			点击教学录像的第4章	成功打开、保存或取消教学录像第4章
			点击教学录像的第5章	成功打开、保存或取消教学录像第5章
			点击教学录像的第6章	成功打开、保存或取消教学录像第6章
			点击教学录像的第7章	成功打开、保存或取消教学录像第7章
			点击教学录像的第8章	成功打开、保存或取消教学录像第8章
			点击教学录像的第9章	成功打开、保存或取消教学录像第9章
			点击教学录像的第10章	成功打开、保存或取消教学录像第10章
			点击教学录像的第11章	成功打开、保存或取消教学录像第11章
			点击教学录像的第12章	成功打开、保存或取消教学录像第12章
			点击教学录像的第13章	成功打开、保存或取消教学录像第13章
			点击教学录像的第14章	成功打开、保存或取消教学录像第14章
			点击教学录像的第15章	成功打开、保存或取消教学录像第15章
		练习题	点击序题	成功进入序，显示正常
			点击第1章	成功进入第1章，显示正常
			点击第2章	成功进入第2章，显示正常
			点击第3章	成功进入第3章，显示正常
			点击第4章	成功进入第4章，显示正常
			点击第5章	成功进入第5章，显示正常
			点击第6章	成功进入第6章，显示正常
			点击第7章	成功进入第7章，显示正常
			点击第8章	成功进入第8章，显示正常
			点击第9章	成功进入第9章，显示正常
			点击第10章	成功进入第10章，显示正常
			点击第11章	成功进入第11章，显示正常
			点击第12章	成功进入第12章，显示正常
			点击第13章	成功进入第13章，显示正常
		知识点索引	点击知识点索引	成功进入知识点索引，显示正常
			点击页面1	成功进入页面1
			点击页面2	成功进入页面2
			点击页面3	成功进入页面3
			点击页面4	成功进入页面4
	考试大纲		点击考试大纲	成功进入考试大纲，显示正常
	模拟试卷		点击模拟试卷	弹出模拟试卷网页，显示正常
	案例分析		点击案例分析	成功进入案例分析，显示正常
			点击合同	弹出合同网页，显示正常
			点击生存期模型	弹出生存期模型网页，显示正常
			点击需求规格	弹出需求规格网页，显示正常
			点击任务分解	弹出任务分解网页，显示正常
			点击模型估算	弹出模型估算网页，显示正常
			点击进度计划	弹出进度计划网页，显示正常
			点击质量计划	弹出质量计划网页，显示正常
			点击配置管理计划	弹出配置管理计划网页，显示正常
			点击风险管理计划	弹出风险管理计划网页，显示正常
			点击团队沟通计划	弹出团队沟通计划网页，显示正常
			点击度量计划	弹出度量计划网页，显示正常
			点击集成计划	弹出集成计划网页，显示正常
			点击项目跟踪计划	弹出项目跟踪计划网页，显示正常
			点击项目总结	弹出项目总结网页，显示正常
课程实践	实践指导书		点击实践指导书	成功进入实践指导书页
	学生实践过程展示		点击学生实践过程展示	成功进入实践过程展示界面
			点击学生实践过程展示界面图片	成功更换图片
	学生实践文档展示		点击学生实践文档展示	成功进入学生实践文档展示界面
			点击学生实践展示界面图片	成功更换图片
	师生交互过程		点击师生交互过程	成功进入师生交互过程界面
			点击师生交互过程界面图片	成功更换图片
	学生最终答辩过程		点击学生最终答辩过程	成功进入学生最终答辩过程界面
			点击学生最终答辩过程图片	成功更换图片
教学团队	教师队伍		点击教师队伍	成功进入教师队伍
	校企合作		点击校企合作	成功进入校企合作
	学术水平		点击学术水平	成功进入学术水平
			点击页面1	
	首页通告栏		点击页面...	
			点击通告栏中软件项目开发中常见问题	成功进入软件项目开发中常见问题界面
			点击通告栏中新的淘金点！Google交互式Widget广告	成功进入通告栏中新的淘金点！Google交互式Widget广告界面
			点击通告栏中Google将推出PowerPoint和Wiki！	成功进入通告栏中Google将推出PowerPoint和Wiki！界面
			点击IBM免费办公软件Lotus发布 冲击微软市场	成功进入IBM免费办公软件Lotus发布 冲击微软市场界面
			点击谷歌称Vista影响电脑安全 可能禁止其销售	成功进入欧盟指Vista影响电脑安全 可能禁止其销售界面
	友情链接		点击北京邮电大学	成功进入北邮主页
			点击北京邮电大学软件学院	成功进入北邮软件学院首页
			点击国家精品课程导航	成功进入精品课程导航
教师登录入口	教师注册		点击注册	成功进入注册页面
			输入用户名	成功输入姓名
			输入密码	成功输入密码
			再次输入密码	成功再次输入密码
			输入邮箱	成功输入邮箱
			点击提交	成功提交
			点击重置	成功重置
	教师登录		输入用户名	成功输入用户名
			输入密码	成功输入密码
			点击登录	成功登录
			点击重置	成功重置
学生登录入口	学生注册		点击注册	成功进入注册页面
			输入用户名	成功输入姓名
			输入密码	成功输入密码
			再次输入密码	成功再次输入密码
			输入邮箱	成功输入邮箱
			点击提交	成功提交
			点击重置	成功重置
	学生登录		输入用户名	成功输入用户名
			输入密码	成功输入密码
			点击登录	成功登录
			点击重置	成功重置

附图 5-3 测试用例（三）

附录 6　项目提交文档—测试结果

一、SPM 用例结果

BUPTSSE-SPM-TestCaseResult.xls，提交文档如附图 6-1～附图 6-3 所示。

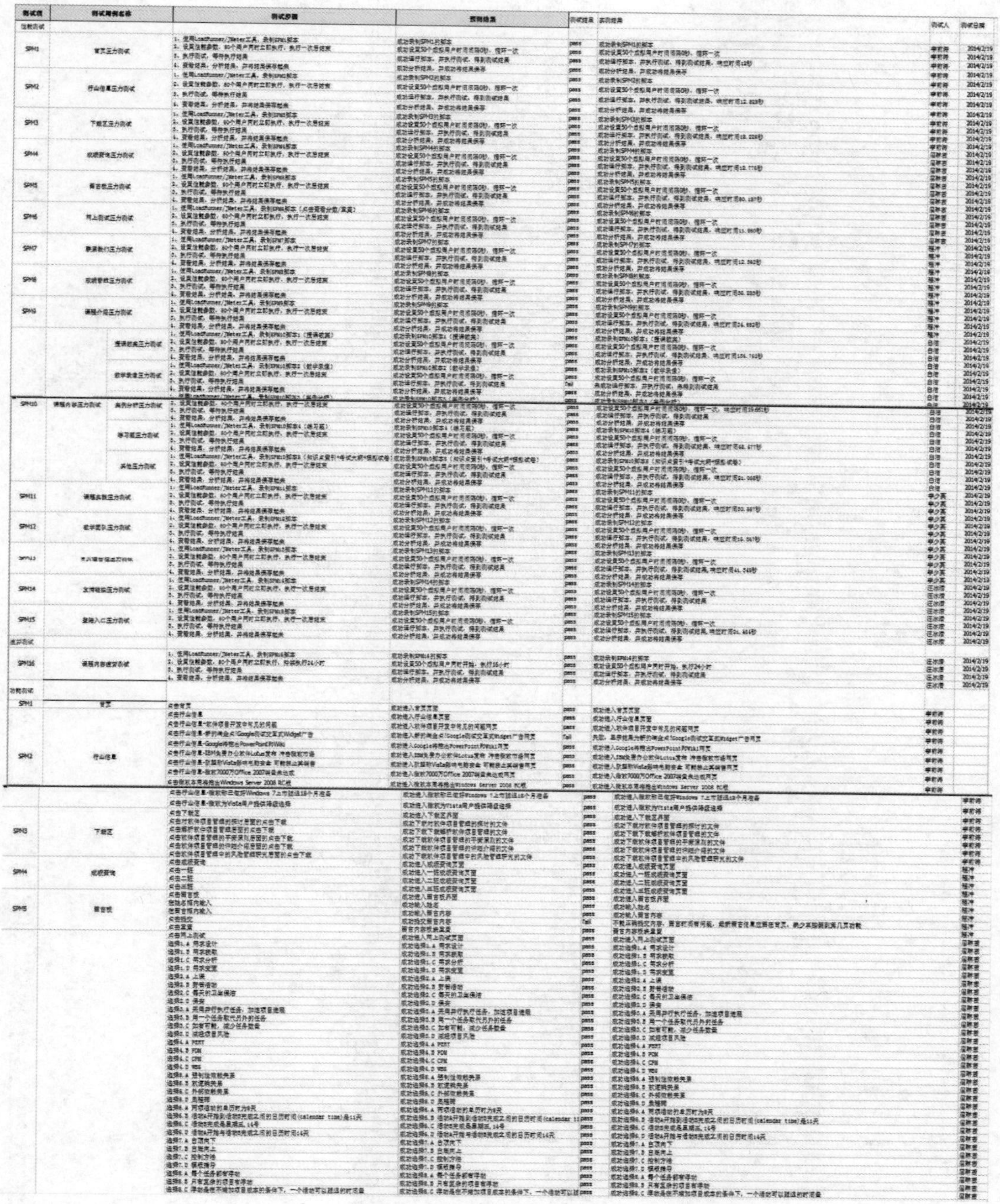

附图 6-1　测试结果（一）

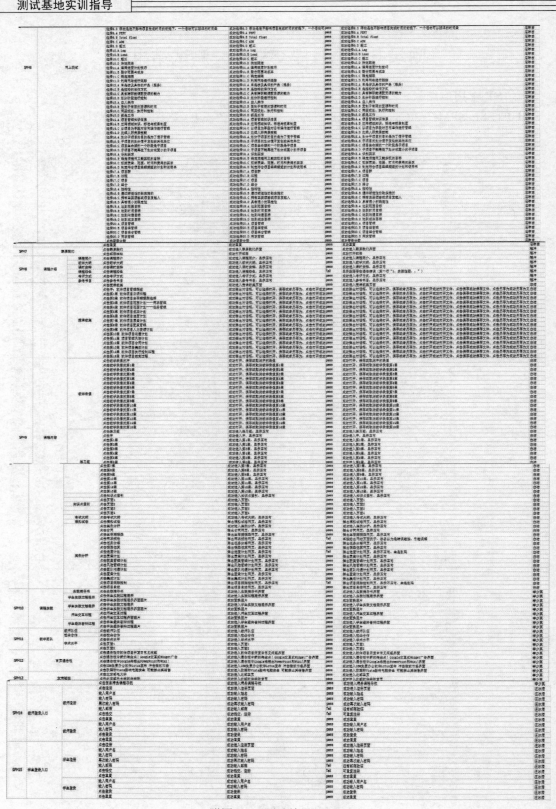

附图 6-2 测试结果（二）

二、SPM 缺陷统计

BUPTSSE-SPM-Bug.xls

附图 6-3　测试结果（三）

三、SPM 测试报告

文档 BUPTSSE-SPM-TestReport.doc，如附图 6-4～附图 6-21 所示。

SPM 课程网站项目改造项目
测试任务报告

北京邮电大学　　软件学院

本文档是北京×××测试中心的机密文档，文档的版权属于北京×××测试中心，任何使用、复制、公开此文档的行为都必须经过北京×××测试中心的书面允许。

附图 6-4　测试报告（一）

测试报告

修订历史记录

版本	日 期	描 述	修订人
0.1	2014-2-20	初始版本的全部内容	白洁、程冲、屈琳茜

北京佳讯飞鸿电气股份有限公司　　第1页　共17页

附图 6-5　测试报告（二）

测试报告

目　录

附图 6-6　测试报告（三）

测试报告

1. 测试任务基本信息

1.1. 测试任务管理信息表

本次测试任务管理信息如表 1-1 所示。

表 1-1 测试任务管理信息表

测试项目（产品）名称	SPM 课程网站项目改造项目		
下达任务日期	2014-2-17	下达任务教师	韩万江老师
计划测试时间	15 天	实际测试时间	15 天
测试人员	白洁、程冲、李少英、李前涛、屈琳茜、汪冰清	测试技术监督	韩万江老师
测试阶段	2014.2.17-2014.3.7		
测试任务单名称	SPM 课程网站项目改造项目		

1.2. 测试任务描述

SPM 课程网站是由北京邮电大学学生设计编写完成的，主要针对于软件教育部-IBM 精品课程，网站内容包含课程简介、教学方法、课程特色、考评方式、书目、内容等详尽的资料，其详尽全面的内容为同学提供了极大的便利，学生通过此网站可系统性并且有计划性地了解一个软件的项目开发。

此次任务就是针对此网站进行压力测试与疲劳测试，考察此网站的性能及健壮性、多人同时登陆网站时网站的承受能力及用户长时间不停浏览网站时网站的耐受性，对于出现的异常将进行 BUG 修复，意在增强此网站的实用性和美观性。

首先，由实验指导老师向学生讲解测试流程以及派发实验内容。参与实验的学生将根据老师给的任务单进行时间安排并计算功能点。

然后，实验学生开始学习 Jmeter 和 Loadrunner 这两个软件的使用，并安装好测试环境，编写测试用例，为下一步的正式测试做准备。

接着就开始正式的测试，测试内容又细分为首页、课程简介、课程内容、下载区、成绩查询、友情链接等不同的测试模块，分别由不同的同学进行相应的测试，同时编写测试报告，记录下测试中发生的一切。

最后，实验小组以小组的形式上交一份小组报告，每个同学上交一份个人报告，实验

北京佳讯飞鸿电气股份有限公司　　第 3 页　共 17 页

附图 6-7　测试报告（四）

测试报告

指导老师验收成果，进行实训答辩，至此成功完成整个测试任务。

1.3. 测试方案概述

1. 任务单下达及其规划

2. 测试项目计划

3. 测试设计

4. 测试环境管理

5. 测试执行用例

6. 测试执行结果

7. 项日监督控制

8. 测试总结

9. 测试报告

1.4. 测试配置清单

Windows XP

Tomcat 7.0.41

JMeter 2.6

LoadRunner 11

1.5. 测试用例库

本次测试用例总计 27 个，其中 24 个测试用例通过，3 个测试用例未通过。

本次测试用例库见附件 <u>BUPT-SPM-TestCase</u>。

1.6. 测试工具及其使用方法

测试工具包括：LoadRunner 和 JMeter

测试工具使用方法见附件 <u>实践指导书</u>。

附图 6-8　测试报告（五）

测试报告

2. 测试执行结果统计

2.1. 用例执行情况统计

2.1.1. 总统计

本次测试共有 27 个测试用例，实际测试项数为 27，测试通过项为 24，测试未通过项 3，未测试项 0，测试完成率为 100%。测试用例执行的具体情况如表 2.1 所示。

表 2.1　测试用例执行的具体情况

模块名称	总测试项数	实际测试项数	测试通过项数（PASS）	测试未通过项数（FAIL）	未测项（NG）	测试完成率
功能测试	15	15	9	6	0	100%
性能测试	16	16	15	1	0	100%
总计	31	31	24	7	0	100%

2.1.2. 未验证项目统计

无

2.2. 未测项的原因说明

无

2.3. 需求实现率的统计

需求实现率的统计如表 2.2 所示。

表 2.2　需求实现率

出现问题的用例数	用例总数	需求实现率
7	31	77.42%

附图 6-9　测试报告（六）

测试报告

3.　测试问题结果统计

3.1.　出现问题统计

测试出现问题等级统计结果如表 3.1 所示。

表 3.1　Bug 等级统计表

BUG 统计				
严重(Urgent)	一般(High)	轻微（Medium）	建议（LOW）	总计
7	1	1	10	19

3.2.　各功能模块问题统计分析

测试中问题等级的统计分析如图 3.1 所示。

图 3.1　Bug 分布

附图 6-10　测试报告（七）

测试报告

4. 测试结论及建议

4.1. 测试结论

1) 测试充分性评价

本次测试的重点是教学网站功能、性能测试和疲劳测试，测试用例每个至少测试了两次。测试时间基本是设备常规使用时间，本次采用的测试技术是黑盒测试技术，例如等价类划分法、边界值分析法、场景法、错误推测法、因果图法、判定表驱动法、正交试验设计法、功能图法等等，这些技术基本满足任务的需求。

2）测试结论

整个测试共花费 15 天，包括配置测试环境、制定测试内容及计划、编写测试用例、使用 DTS、LoadRunner 和 JMeter 对教学网站进行测试（包括功能测试和性能测试）、分析并整理测试结果等步骤，得出测试结论如下。

① 本次测试对教学网站进行了功能及性能测试，模拟了 50 个用户同时对教学网站进行同一操作，记录下网页的反应时间，看时间是否在可以接受的范围内。

◆ 由于硬件配置问题，测试是在 Windows XP 下用 JMeter 和 Win7 下用 LR 分别进行，由不同的人员使用不同的测试软件对同一个项目进行测试，得到结论并分析结论，并将测试结果整理，通过图表等形式更加形象地将测试结果描述出来。

◆ 在进行功能测试的过程中发现了许多问题，发现问题我们将 Bug 信息及时填入 Bug 文件（BUPTSSE-SPM-Bug.xml）。

◆ 用 LoadRunner 和 JMeter 分别对网站进行测试，发现用两个软件得到的反应时间是不同的，且差距偏大。

◆ 本次测试共有 31 个测试用例，实际测试项数为 31，测试通过项为 24，测试未通过项为 7，未测试项为 0，测试完成率为 100%。其中 Bug 总数为 19。

② 性能测试的测试结果如下，见图 4.1。

平均反应时间为 306.52 ms，远远低于功能需求文件中要求的 3 s；

测试总项数为 167；

平均反应时间大于 306.52 ms 的项数为 37，所占百分比为 22%；

平均反应时间不超过 306.52 ms 的项数为 130，所占百分比为 78%；

北京佳讯飞鸿电气股份有限公司　　　　第 7 页　共 17 页

附图 6-11　测试报告（八）

测试报告

最大平均反应时间：15363 ms

最小平均反应时间：1 ms

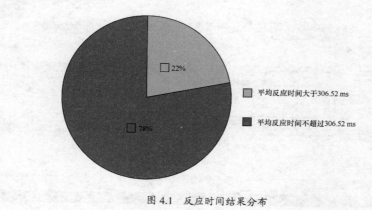

图 4.1　反应时间结果分布

最大平均反应时间约为 1.5 s，低于要求的 3 s，故网站的性能测试是完全合格的。

③ 疲劳测试的测试结果如下，见图 4.2，图 4.3。

附图 6-12　测试报告（九）

测试报告

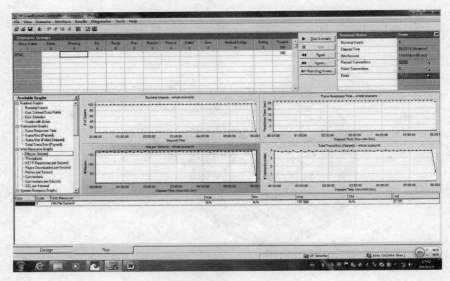

图 4.2　疲劳测试结果分布

CPU 使用率为 8%；

内存使用率为 37%；

北京佳讯飞鸿电气股份有限公司　　　第9页　共17页

附图 6-13　测试报告（十）

测试报告

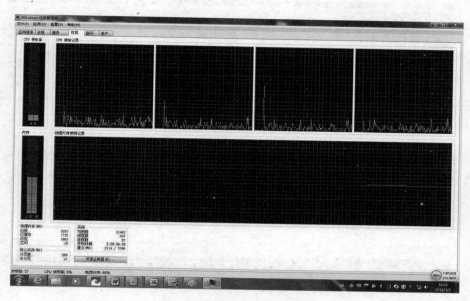

图 4.3　疲劳测试过程中电脑的情况

④ 针对 150 个用户逐步加压的测试（每 15 s 加 10 个用户）结果如下：见图 4.4～图 4.10。

附图 6-14　测试报告（十一）

测试报告

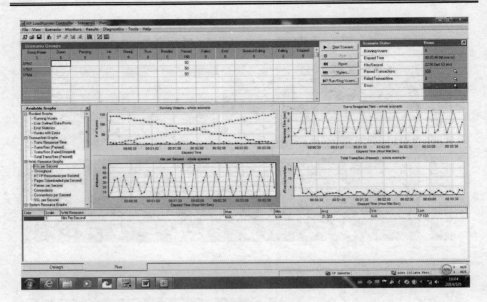

图 4.4　逐渐加压测试结果

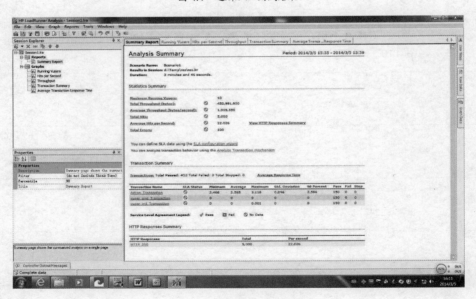

图 4.5　逐渐加压分析结果

北京佳讯飞鸿电气股份有限公司　　　第 11 页　共 17 页

附图 6-15　测试报告（十二）

测试报告

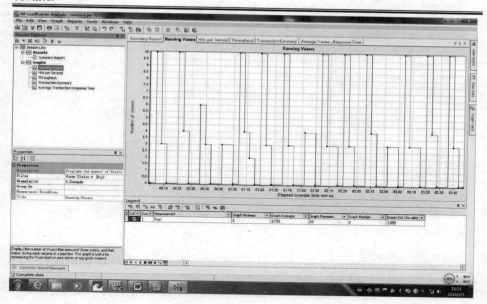

图 4.6　逐渐加压分析图形-Running Vusers

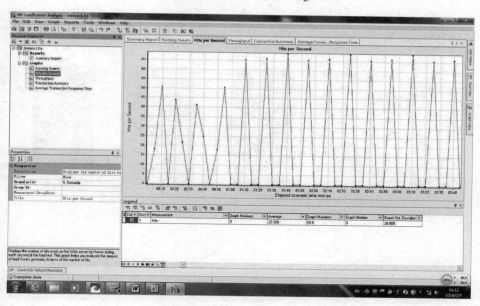

图 4.7　逐渐加压分析图形-Hits per second

附图 6-16　测试报告（十三）

测试报告

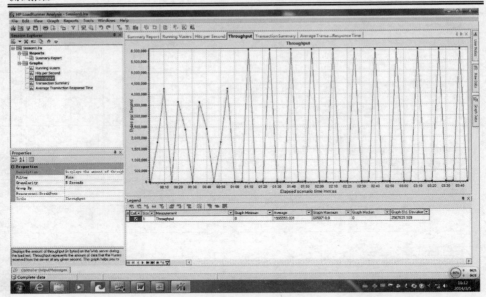

图 4.8　逐渐加压分析图形-Throughput

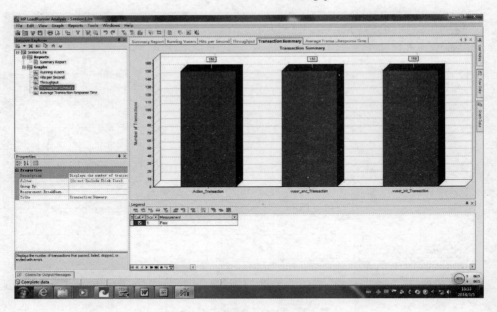

图 4.9　逐渐加压分析图形-Transaction Summary

附图 6-17　测试报告（十四）

测试报告

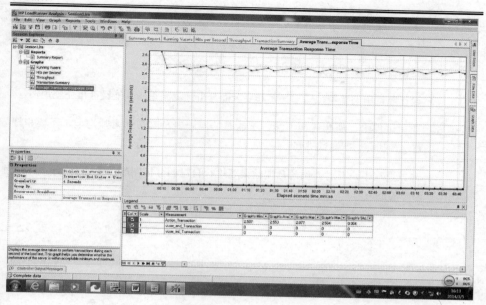

图 4.10 逐渐加压分析图形-Average Transaction Response Time

4.2 测试问题与建议

测试问题如下：

1）使用 LoadRunner 和 JMeter 得到的测试结果有较大的差距。

2）疲劳测试没有对网站内容进行全覆盖。

3）测试用例设计不够合理全面，所以在测试的时候有缺陷。

测试建议如下：

1）下次可以在测试的过程中调整测试用例。

2）对功能点的设计太主观，与事实有很大出入。

4.3 测试经验总结

本次测试经验总结如下：

1）在配置环境之前，必须认真阅读相关作业指导书，逐字逐句，避免少看、漏看导致配置不成功。

北京佳讯飞鸿电气股份有限公司　　　　第14页　共17页

附图 6-18　测试报告（十五）

测试报告

2）在录制脚本过程中要细心，不要多录一些无用的步骤，以免影响测量结果的准确性。

3）测试过程中遇到异常问题时，要排查软件和硬件问题。

4）设计测试用例要覆盖需求，尤其要全面分析预测结果，才能设计出完整用例。

5）测试过程中，遇到任何不懂、不清楚的问题要及时与何老师沟通，不要积攒问题，否则会影响测试进度。

6）测试过程中，要对用例的预期结果要进行自己的分析判断，锻炼全面分析、全面思考的能力。

北京佳讯飞鸿电气股份有限公司　　　　第 15 页　共 17 页

附图 6-19　测试报告（十六）

测试报告

5. 参考文档

- 测试实训流程.ppt
- 《软件过程改进案例教程》
- 系统测试报 s 告.doc
- BUPT-SPM-Task.doc
- BUPT-SPM-SOW.doc

北京佳讯飞鸿电气股份有限公司　　第 16 页　共 17 页

附图 6-20　测试报告（十七）

测试报告

6. 附件

- ➢ BUPT-SPM-TestCase.xlsx

- ➢ BUPT-SPM-TestCaseReport.xls

- ➢ BUPT-SPM-TestReport.docx

- ➢ BUPT-SPM-Bug.xls

- ➢ BUPT-SPM-ENV.docx

- ➢ 《企业测试流程》实践指导书.docx

- ➢ 负载测试指导书.docx

- ➢ BUPT-SPM-DaylyReport.xls

- ➢ BUPT-SPM-Effort.doc

- ➢ BUPT-SPM-Plan.mpp

- ➢ 视频：实践指导书.wmv

附图 6-21　测试报告（十八）

附录 7   项目提交文档—实训报告

北京邮电大学软件学院

2013 学年第 2 学期项目总结报告

课程名称：　　软件工程实训报告

项目名称：　教学网站功能与性能测试

项目完成人：

姓名：李前涛学号：2013127489

姓名：白　洁学号：2013127514

姓名：程　冲学号：2013127538

姓名：李少英学号：2013127480

姓名：屈琳茜学号：2013127417

姓名：汪冰清学号：2013127390

指导教师：　韩万江 孙艺 陆天波

日　　期：　2014 年 3 月 7 日

一、项目目的和要求

本项目是基于 LoadRunner 和 JMeter 实现对教学网站的功能及性能测试以及对 LoadRunner 和 JMeter 工具的功能定制。要求对实验室的一个服务器发布的教学网站，通过 LoadRunner 和 JMeter 的脚本录制、控制、模拟并发、测试结果输出等功能，得出该教学网站的性能指标。同时熟悉 LoadRunner 和 JMeter 的更多功能。

二、项目环境

Windows XP/Windows 7

Tomcat 7.0

JMeter 2.6

HP LoadRunner 11.0

三、项目内容

（1）搭建实验环境（搭建服务器—安装 Mysql 和利用 Tomcat 进行部署，搭建测试环境—安装 LoadRunner 和 JMeter 工具）。

（2）熟悉软件，学会录制脚本、修改脚本，执行测试和数据分析。

（3）对教育网站进行功能测试（并将实验结果填入 BUPTSSE-SPM-Result.xls 文件）和性能测试（性能测试分别使用 LoadRunner 和 JMeter 进行测试）；而且小组进行一次 6 h 的疲劳测试。

（4）根据录制结果进行分析，评价网站的性能，并对网站的不足提出合理化建议。

（5）填写测试报告。

（6）制作实践指导书。

四、项目结果及分析

（1）测试结果

LoadRunner 测试

姓名	日期	总时间	平均响应时间	90%line	吞吐量
白 洁	2.18-2.21	4 天	13.038 ms	13.087 ms	1.9 k/s
程 冲	2.18-2.21	4 天	13.859 ms	14.375 ms	1.7 k/s
屈琳茜	2.18-2.21	4 天	13.130 ms	13.478 ms	2.3 k/s

JMeter 测试

姓名	日期	总时间	平均响应时间	90%line
李前涛	2.25-2.28	4 天	301.95 ms	641.41
李少英	2.25-2.28	4 天	310.23 ms	659.32
汪冰清	2.25-2.28	4 天	307.77 ms	652.39

6 小时疲劳测试数据

姓名	起始时间	终止时间	平均响应时间	90%line	吞吐量	CPU	内存
100 人	3.3 11:11	3.3 17:11	26.574	26.339	17.893 k/s	8%	37%

逐渐加压测试数据

姓名	起始时间	终止时间	平均响应时间	90%line	吞吐量	CPU	内存
150 人	3.5 09:57	3.5 10:06	2.565	2.586	6.051 k/s	8%	33%

（2）结果分析

整个测试共花费 15 天，包括配置测试环境、制定测试内容及计划、编写测试用例、使用 LoadRunner、JMeter 和 DTS 工具对教学网站进行测试（包括功能测试、性能测试和白盒测试）、分析并整理测试结果等步骤，得出测试结论如下。

①本次测试对教学网站进行了功能及性能测试，模拟了 50 个用户同时对教学网站进行同一操作，记录下网页的反应时间，看时间是否在可以接受的范围内。

● 由于硬件配置问题，测试是在 Windows XP 下用 JMeter 和 Win7 下用 LR 分别进行，由不同的人员使用不同的测试软件对同一个项目进行测试，得到结论并分析结论，并将测试结果整理，通过图表等形式更加形象地将测试结果描述出来。

● 在进行功能测试的过程中发现了许多问题，发现问题后将 Bug 信息及时填入 Bug 文件（BUPTSSE-SPM-Bug.xml）。

● 用 LoadRunner 和 JMeter 分别对网站进行测试，发现用两个软件得到的反应时间是不同的，且差距偏大。

● 本次测试共有 31 个测试用例，实际测试项数为 31，测试通过项为 24，测试未通过项为 7，未测试项为 0，测试完成率为 100%。其中 Bug 总数为 19。

②性能测试的测试结果如附图 7-1 所示。

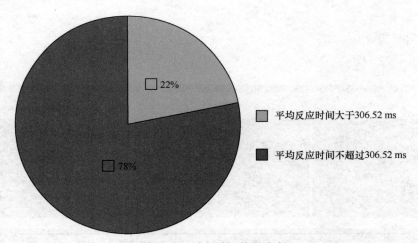

附图 7-1　反应时间结果分布

平均反应时间为 306.52 ms——远远低于功能需求文件中要求的 3 s；

测试总项数为 167；

平均反应时间大于 306.52 ms 的项数为 37，所占百分比为 22%；

平均反应时间不超过 306.52 ms 的项数为 130，所占百分比为 78%；

最大平均反应时间：15 363 ms；

最小平均反应时间：1 ms。

最大平均反应时间约为 1.5 s，低于要求的 3 s，故网站的性能测试是完全合格的。

③疲劳测试的测试结果如附图 7-2 和附图 7-3 所示。

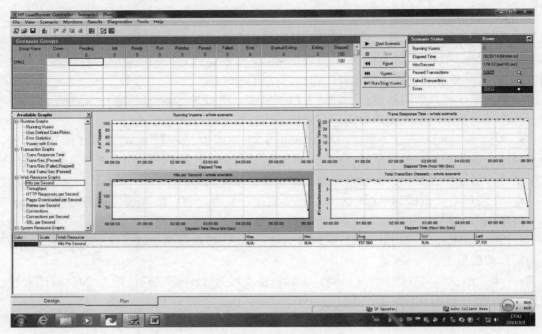

附图 7-2　疲劳测试结果分布

CPU 使用率为 8%；

内存使用率为 37%。

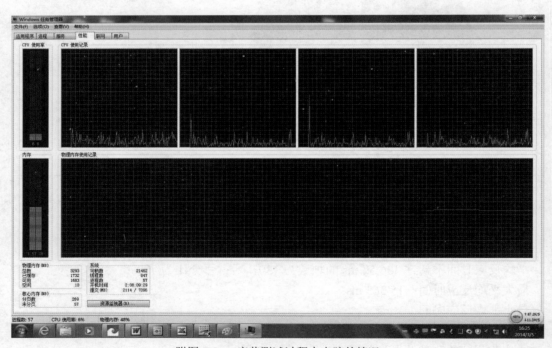

附图 7-3　疲劳测试过程中电脑的情况

④针对 150 个用户逐步加压的测试（每 15 s 加 10 个用户）结果如附图 7-4 和附图 7-5 所示。

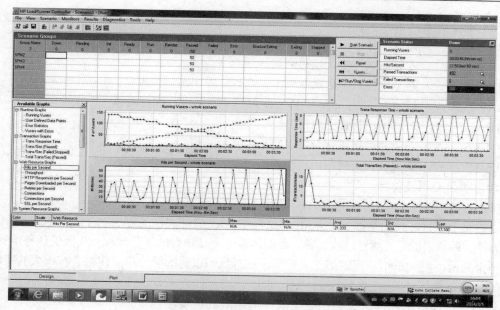

附图 7-4　逐渐加压测试结果

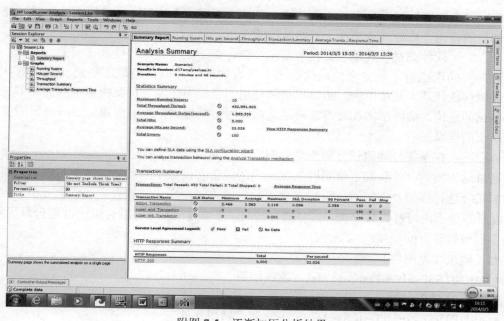

附图 7-5　逐渐加压分析结果

五、项目人员、进度安排及完成过程

（1）人员安排

①学会使用 LoadRunner 和 JMeter 进行脚本录制、脚本的修改、执行脚本、分析结果数据，学会使用 DTS 白盒测试工具；

②每个人对网站不同的功能进行性能测试，提交脚本和数据结果，并进行分析及结果；

③填写测试报告；

④填写实践指导书。

（2）进度安排

2.17	接收任务单，分析任务单，编写项目计划
2.18	安装测试环境，填写测试计划
2.19	熟悉软件，学会录制脚本、执行、给出测试数据
2.19-2.28	使用 LoadRunner 和 JMeter 对教学网站进行性能测试
3.3	对网站进行疲劳测试
3.4-3.6	对录制结果进行分析及总结，并填写报告
3.6-3.7	整理数据及材料，进行答辩

六、项目心得及体会

（1）心得

通过这个项目，我们掌握了 LoadRunner 和 JMeter 性能测试的方法，并学会了 DTS 工具的测试方法。最重要的是，通过这次实践，我们体验了测试项目的工作流程，从接受任务单到最后的结果分析、测试总结，我们都一一明了，这对我们以后的学习和工作将会有很大的帮助。

（2）体会

体会一：任务单和需求文档在整个软件周期中的重要性。

它存在于整个项目周期，在项目开始之初任务单分析的时候就开始了，在形成测试用例设计的时候就需要针对网站进行研究。这个环节在后续整个项目中占了很大的比重，能主导整个项目的走向，成败与否全在于开始阶段的决策。

体会二：软件测试的真正意义在于发现错误，而不在于验证软件是正确的。

再严密的测试也不能完全发现软件当中所有的错误，但是测试还是能发现大部分的错误，能确保软件基本是可用的，所以在后续使用的过程中还需要加强快速响应的环节。结合软件测试的理论，故障暴露在最终客户端之前及时主动地去发现并解决。这一点就需要加强研发队伍的建设。

体会三：在系统性能测试方面需要重视。

通过这次实训，让我们了解到网站在上线之后会有很多不能预知的性能问题，需要在上线之前实现进行模拟，以规避风险，包括大数据量访问，高并发数等。当然也有很多应对手段，没有哪种手段可称为最完美，只有最合适的，需要灵活掌握，综合运用以达到最优程度，这是个很值得研究的领域。

七、附录（见附件）

- BUPTSSE-SPM-TestCase.xlsx　测试用例
- BUPTSSE-SPM-Bug.xls　Bug 文件
- BUPTSSE-SPM-TestCaseResult.xls　测试结果文件
- BUPTSSE-SPM-ENV.docx　环境文件
- BUPTSSE-SPM-SOW.doc　任务单
- 实践指导书

参考文献：1）韩万江等，《软件过程改进案例教程》；2）董昭森，《MDS3400 双中心业务测试设计与实施》，北京邮电大学工程硕士论文；3）测试技术。